石木川にダムはいらない!

小さなダムの大きな闘い

石木ダム建設絶対反対同盟
石木ダム問題ブックレット編集委員会 編

花伝社

目次

まえがき

石木ダム建設絶対反対同盟　岩下和雄

「収用法」は伝家の宝刀ではなく鉈である。返り血も浴びる。何回も振り回さねばとどめはさせぬ。また、それで全てが終わるわけではない。これからが苦しみの始まりである――石木ダム建設絶対反対同盟の団結小屋の看板には、こんな言葉が赤のペンキで描かれています。一九八二年の土地収用法に基づく強制測量調査の時に、先人の教えを同盟員が書いたものです。

今ちまたでは、こんなことが囁かれていると聞きます。「金子が悪い」「いや、中村が悪い」「いや、九地整（国土交通省九州地方整備局）が……」。長崎県と佐世保市は、行き詰ってしまった石木ダム建設事業の打開策として、「事業認定申請は話し合いを進展させるため」と称して申請したものの、伝家の宝刀を抜く時期を見誤った感が否めないからでしょう。事業認定とは土地の強制収用に道を開くものです。いわば最後の手段でもあるのです。九地整はこの事業認定申請を追認する形で二〇一三年九月六日、事業認定の告示をしたのです。長崎県にも国にも識者はいないのでしょうか。

私たちは事業認定の告示を受けて、反対運動も新たな段階に入ったと認識しなければならなくなりました。かねてから準備を進めていた弁護団が結成され、二〇一三年一二月五日に石木ダム反対弁護団結成・決起集会を開催しました。その時の決意表明に「五〇年間闘い続けてふるさとを守っていることが、すなわち決意だ」との発言がありました。闘い続けられる力は何なのか？

ひとつひとつ語るのは簡単ではありません。それを知るためには、一度現地に来てじっくり住民と触れ合ってみてください。この本が現地に足を向かわせるきっかけになればと思います。

ダム建設計画に対しては、建設される地域のことだとして無関心な人が多いのですが、実際は大変な関わりがあるのです。ダム建設には膨大なお金が使われます。そのお金は税金ですから全国の皆さんが負担しているのです。その地域にお金が落ちるから良いではないかという人がいますが、そのお金の大部分を大手ゼネコンが東京など大都市へ持って行ってしまいます。

また、石木ダム計画は佐世保市の利水が目的ですので、水道料金値上げに跳ね返ります。専門家の力を借りてまとめた「市民の手による石木ダムの検証結果」から「石木ダムは利水にも治水にも役立たない不必要なもの」ということが証明されました。「必要のないダム」と判りましたので、これからはそのお金を福祉や私たちの暮らしを良くすることに回してもらいましょう。だって、もう五〇年間も住民を苦しめ、無駄金をバラまいているのですよ。

半世紀を行く石木ダム建設反対運動ですが、この反対運動に関する文献は多くありません。ブックレットと言われるものが発行されるのは、今回が初めてでしょう。この本の題名「小さなダムの大きな闘い」は、石木ダム建設反対闘争にも関わり諫早湾干拓問題で尽力された故山下弘文氏の「現地ルポ、小さなダムの大きな闘い」(一九八二年発行、長崎県川棚町石木ダム建設反対の経過と資料集)から引用させていただいたものです。それぞれの表題の原稿執筆は、石木ダム建設反対運動に詳しい方にお願いしました。ここ何年かでダム反対運動も県内に組織の輪が広がりました。この本がダム反対運動の広がりに少しでも役立てばと考えます。

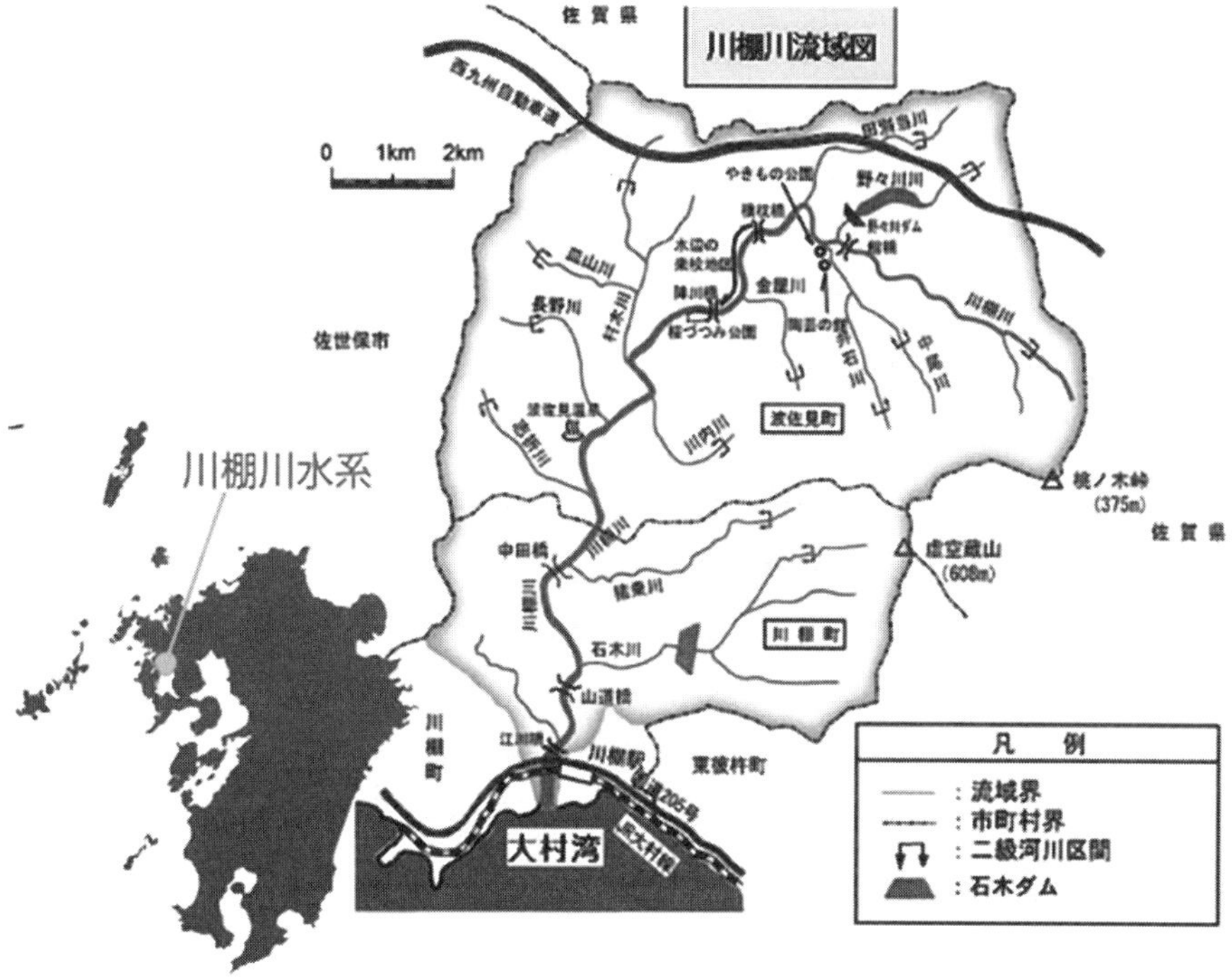

長崎県資料より

石木ダム事業とは

長崎県と佐世保市が佐世保市の水不足解消と称して利水を主目的に、川棚川の治水を付け加えて、二級河川川棚川の支流・石木川流域に計画した多目的ダム。計画では、石木川の中流域である長崎県東彼杵《ひがしそのぎ》郡川棚《かわたな》町岩屋郷《いわやごう》川原《こうばる》にダムの堰堤を建設、堰堤高五五・四メートル、総貯水量五四八万トン、総事業費約二八五億円、二〇一六年度の完成予定としている。

現在、水没予定地には一三世帯約六〇名がダム建設絶対反対の姿勢を貫きながら生活し、上流地区の反対者と共に組織した石木ダム建設絶対反対同盟がふるさとを守り続けている。

第一章　ダム建設予定地はどんなところ――こうばる地区の紹介

こうばるほずみ

ダム小屋とおばあちゃん

こうばる地区に入ると、まず突然現れるのが青いトタン小屋。このぼろぼろの小屋は「ダム小屋」といいます。この場所に建っているのにはちゃんとした理由があります。こうばる地区を訪れるには、必ずここを通らねばならないということもありますが、石木ダムのダムサイトはまさにこの場所に造られる予定なのです。

ダム小屋には、毎日こうばる地区のおばあちゃんたちが弁当を持って集まります。そして、ダム小屋の前をダム事務所の職員が通らないか監視しているのです。このように紹介するとなんだかとてもこわそうですよね。

実際には、ダム小屋はおばあちゃんたちが集まって世間話をして過ごすサロンのようなところ。だから、ダム小屋が開いているときは気軽に声をかけてくださいね。声をかけずに通り

過ぎようものなら、「あん人の、頭《ず》の高《た》っかこと！（あの人は挨拶もろくにしないで頭が高い）」と噂されますよ。

川原橋とホタル

こうばる地区を歩いていると、石木川に架かる石造りのアーチ橋が見えてきます。ガードレールに普通のアスファルトで整備されているため見逃しがちですが、横から覗き込んでみると実は立派な石橋なのです。

この橋は、九〇年以上も昔の大正六年に架けられたそうですが、大洪水が起きてもびくともしなかったというとても頑丈な石橋で今では立派な史跡です。

早春の河原ではネコヤナギの群生が見受けられ、初夏の田植えの時期（五月下旬から六月中旬）にはゲンジボタルの乱舞も鑑賞できる美しい場所です。

こうばるの生きものたち

こうばる地区は、石木川の中流に位置する集落です。全国的に進む過疎化や乱開発の影響で、いつの間にか「いつまでも残したい日本のふるさとの原形」と呼ばれるまでになってしまいました。

そんな場所ですから、当然、稀少な生きものが生息しています。例えば、川魚では「メダカ」や「ヤマトシマドジョウ」、鳥では「カワセミ」や「ヤマセミ」、「カワガラス」、「フクロウ」、両生類では「カスミサンショウウオ」や「トノサマガエル」、「ニホンアカガエル」、トンボでは「クロサナエ」、「オナガサナエ」、「オジロサナエ」、「ヒメアカネ」、蝶類では「コムラサキ」や、「メスグロヒョウモン」といった生きものです。これらの生きものは、ダムができると特に生息が難しいと言われているのです。ダムができると多くの自然と生命が奪われます。ダムができるということは、こうばる地区の人びとが土地を追い出されるという単純なことではなく、石木川中流域の自然の生態系その

ものが消滅してしまうということなのです。

看板作りとおじちゃんたち

こうばる地区のいたるところに建っている、ダムに反対するでっかい看板。ダムに反対するこれらの看板は、一九七四年頃から立てられるようになりました。台風などの強風で吹き飛ばされるたびに、修理をして今も維持されています。

こうばる地区のおじちゃんたちは、定期的に集まって看板を修理したり、丸太でできた標識も作ったりして、草刈りや川の掃除もしています。意欲的に取り組むおじちゃんたちですが、これらの作業の原動力は何といっても「よいやい（寄り合い、つまり飲み会）」でしょう。「よいやい」で、ダムが中止になった後の明るい未来を語り合う熱いおじちゃんたちです。

夏の川遊び

こうばる地区には毎年、夏にたくさんの子どもたち

が遊びにやってくる遊泳場があります。

この場所は車もよく通るし、大人の目も行き届きやすく、子どもたちが川遊びをするのに適しています。橋の上から飛び込みをするワイルドな子もたくさんいて、夏休みに子どもたちの歓声が絶えることはありません。

橋の架かっている真下あたりは足がつかないほど川が深く、飛び込むにはもってこいの場所です。また、橋から離れた場所には浅いところが多く、小さい子どもも安心して遊ばせることができます。

ここにダムの計画があることを知らない子どもも多く、ダムができるとここで川遊びをすることもできなくなってしまうと教えると、「えー!」という残念そうな声が返ってきます。

おばちゃんたちの団結弁当とたぬき会

こうばる地区には、「団結弁当」という名物があります。

なにか食べ物が必要な行事がある時に作るのですが、その仕組みが画期的。

まず、一世帯につき千円徴収します。そして、隣組の流れで上と下と分かれて、上はおにぎりを作る、下はおかずを作るという具合に仕事を割り振ります。

行事の当日は、それに従ってお母さんたちがおにぎりの係だったらおにぎりを、玉子焼きの係だったら玉子焼きを……という風にそれぞれ料理を持ち寄ります。会場ではそれを盛大に並べて、みんなで食事を楽しむのです。

最後に、弁当に使った材料費を徴収した千円から清算して、余った料理とお金を使って夜に打ち上げまでやります。ほかの集落では総菜屋から弁当を買って済ませるそうですが、団結弁当なら一世帯につき、たったの千円で夜までごちそうがいただけるのです。

知恵の詰まった愛情たっぷりの団結弁当。催し物で余興を披露する「たぬき会」を結成させたりもするユニークなこうばる婦人部のみなさんには本当に脱帽で

す。

川原公民館と太子堂

川原公民館は、町内で最も古い公民館と言っていいでしょう。

中に入ると壁中に檄布（ダム反対を応援する旗）が飾ってあります。そして、一九八二年に行われた強制測量時のモノクロ写真も展示されています。今の若い世代の人たちがここを訪ねてきたら、きっと驚かれるでしょう。

しかし、驚くことはこれ以外にもあります。なんと公民館の壁の真ん中には祠《ほこら》があるのです。昔は、公民館があったこの場所は太子堂と呼ばれていて、太子様がまつられていました。それで、公民館の中に祠が残っているのです。このような祠が今も公民館の中に残っている集落がほかにあるのでしょうか？

川原公民館は本当にぼろぼろで、雨が降ったら雨

漏りもしますが、歴史の詰まった古い建物であることに間違いはありません。

こうばる地区は大きな一つの家族!

こうばる地区には、一三世帯約六〇人近い住民が暮らしています。小さい子どもからおじいちゃんおばあちゃんまで幅広い年代の人が一緒に仲良く暮らしているので、一世帯あたりの人口密度は町内で一番高いです。中には、九人家族という大家族の家もあります。

石木ダムに絶対反対という共通認識から、こうばる地区の人々の結束は固く、まるでこうばる地区全体が大きな一つの家族のようです。みんなで結束してダムを中止に追い込んだら、きっと川原人（こばると）であることをますます誇りに感じるようになるでしょう。

そんな未来が実現するように、今日もまた川原人は結束してここに住みつづけるのです。

こうばるの風景の中で

今現在も、こうばるののどかな風景の中には、石木ダムに反対する看板がたくさん建っています。今年でちょうど、看板が作られ始めた一九七四年から丸四〇年の節目を迎えます。今年の春も、看板のまわりには菜の花がたくさん咲いて、秋にはコスモスがまたたくさん咲くでしょう。

春の菜の花畑や、秋のコスモス畑の美しい風景の中に、誰もがダム反対の看板は似つかわしくないと言います。

石木ダムの計画がなくなったら、看板を撤去して花を植えたいと思っていても、石木ダム問題は白紙どころか、こうばるの人々を強制的に追い出すことも可能な「事業認定」にまで発展しています。

でも、たとえ行政の手続きが進んでも、こうばるの人びとの暮らしは何一つかかわりません。こうばるののどかな風景の中で、人びとは今日も楽しく暮らし、ふるさとを守り続けるのです。

第二章　どんな方が生活されているの――住民の紹介

こうばるほずみ

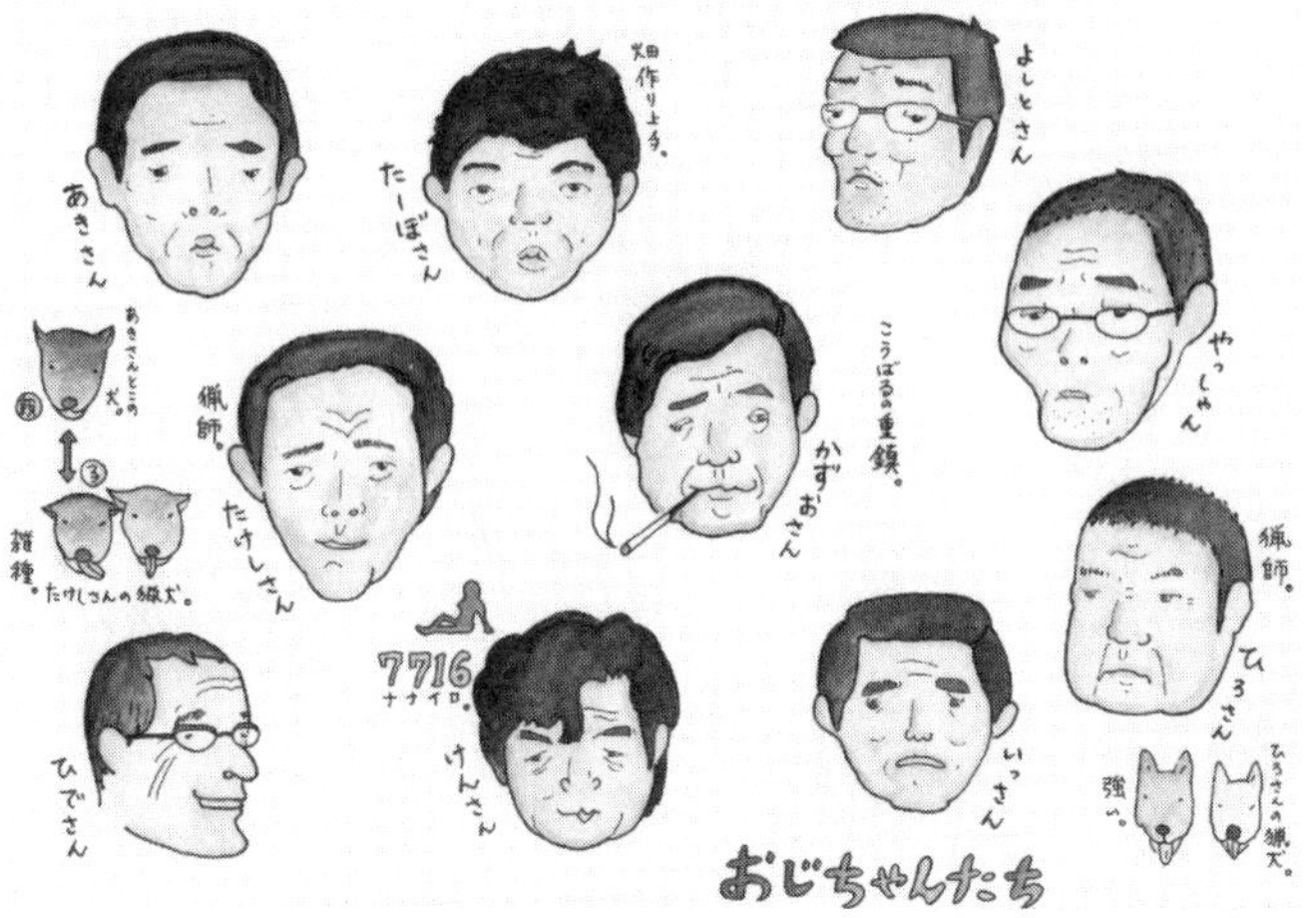

こうばる地区には今でも一三世帯、約六〇人の人々が暮らしています。

ひとえに一三世帯、約六〇人といっても、十人十色、いろんな人がいます。そこで、こうばる地区にどんな人たちが生活しているのか、世代別に分類し、似顔絵と共に簡単にまとめてみました。

おじちゃんたち

まず、一家の家長をつとめるおじちゃんたち。

三〇年前から、ダムの反対運動を引っ張ってきました。定年を過ぎて、今はおのおの農作業に励んだり、グラウンド・ゴルフにハマったりしながらセカンドライフを楽しんでいます。

農業は米の栽培がメインですが、畑の野菜作りも専門的で

上手です。家で食べるだけでなく、店に卸している人もいます。

農業以外に、狩猟犬を使ってイノシシ狩りをする猟師もいます。腕前は様々なようですが、そもそも現代において、犬をペット以外で活躍させていること自体が感慨深いものです。

こうばる地区で生活するということは、自然と仲良く生活することが大切です。自分たちが食べる作物を栽培し、普段は一般の仕事に就いて生活する。そこそこ食べていける土地があるので、あとは仕事に就いていればお金に困ることはありません。こうばる地区の人々は、この土地での暮らしに満足しているのです。

おばちゃんたち

こうばる地区を陰で支えてきたのは、まぎれもなくおばちゃんたちだと思います。この世代は、こうばる地区に嫁いできてからというもの、仕事に子育

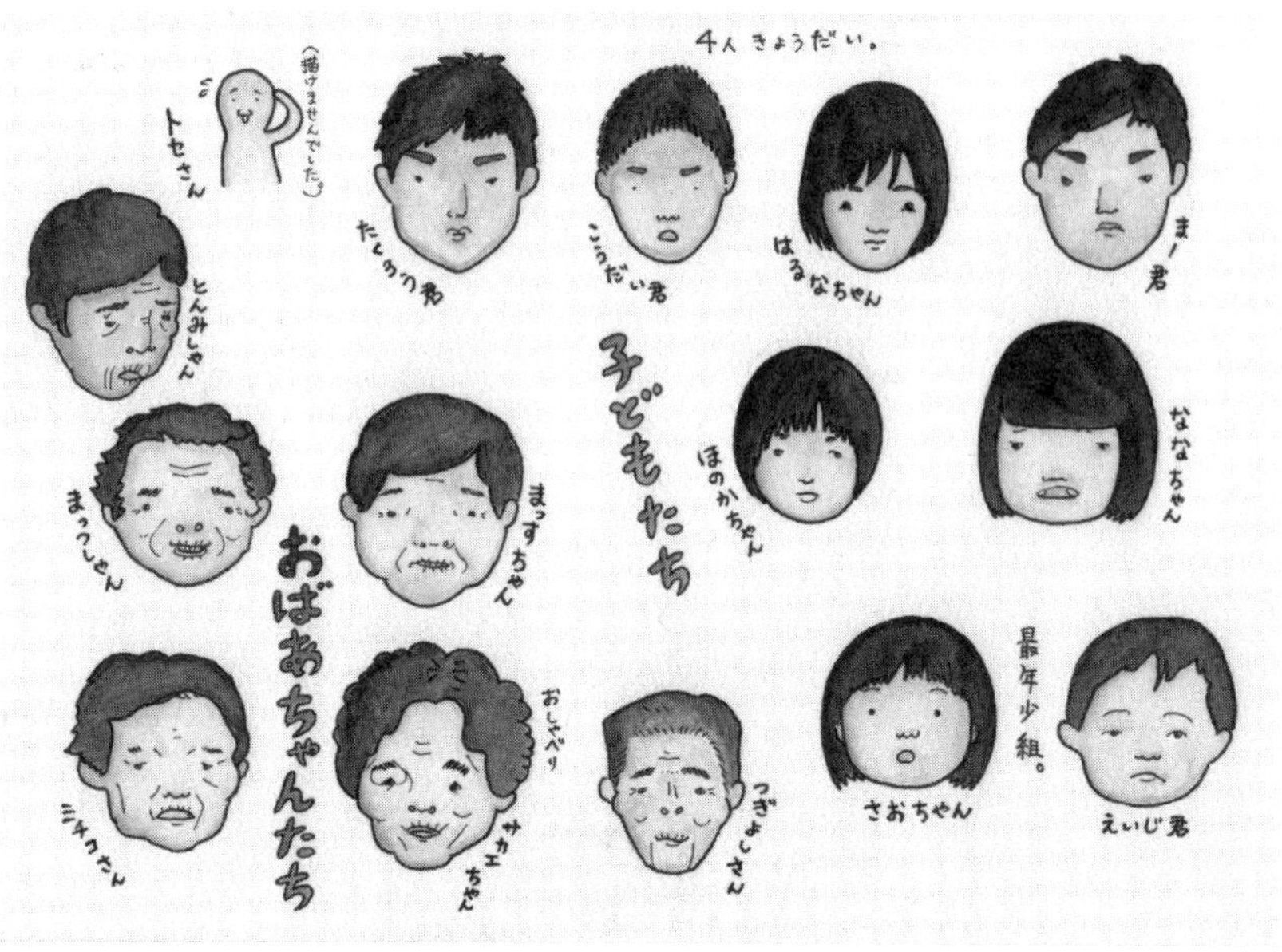

てに家事に農業の手伝いにと、めちゃくちゃハードに働いてきました。「どうしてこんなところに嫁いできたの？」とまわりの人に聞かれても、「何も知らんで嫁いで来たとさ！」と明るく笑い飛ばします。

おばちゃんたちもおじちゃんたちと同様、セカンドライフは主に畑仕事やグラウンド・ゴルフ、旅行や趣味にそれぞれ没頭中。積み立てをして、みんなで仲良く旅行にも出かけます。

そして、孫の面倒を見るのも大事な役目です。どこの若夫婦も共働きが当たり前ですから、孫の面倒はぜひおばあちゃんにお願いします！

家族みんなで助け合うことが、地域を元気にします。これからも、頼りにしてますよ。

おばあちゃんたちと子どもたち

ダム小屋に出入りするおばあちゃんたちの数も、六、七年前から比べるとずいぶん減ってしまいましたね……。それだけダム問題が長期化しているということだろうし、強制測量から三一年も経過しているのだから、おばあちゃんの世代も交代していく時期かと思います。

おばあちゃんたちはダム小屋に通う日以外では、送迎バスが来る日に生きがいセンター（社会福祉協議会）や、しおさいの湯（温泉施設）へ遊びに行くのがお決まりです。そして、ダム小屋や温泉から帰ってきたら、畑仕事に励むというサイクルです。グラウンド・ゴルフも、もちろん大好きです。ということで、こうばるの人々は若者以外は大抵、みんなグラウンド・ゴルフが大好きと言えるでしょう。

少子化に伴い、こうばる地区の子どもの数も一昔前と比べると減っていますが、確実に新しい命は誕生しています。上は高校生、下は乳幼児まで年齢層は幅広く、行事で集まった時に、みんなで遊んでいる様子を見ていると、私が子どもだった時代を思い出します。

こうばる地区の子どもたちが古里の自然に育まれ、健やかに育ってくれることを願ってやみません。

若い人たち

若者の男性陣は、大抵、消防団に入ることになっているようです。毎月、第三日曜日は消防車の点検日。川で消防車の放水点検をしたあとは、もちろん、「よいやい（寄り合い、飲み会のこと）」です！

詰め所（消防小屋）に集まって飲みます。けんかもよくあるようです。つまり、けんかするほ

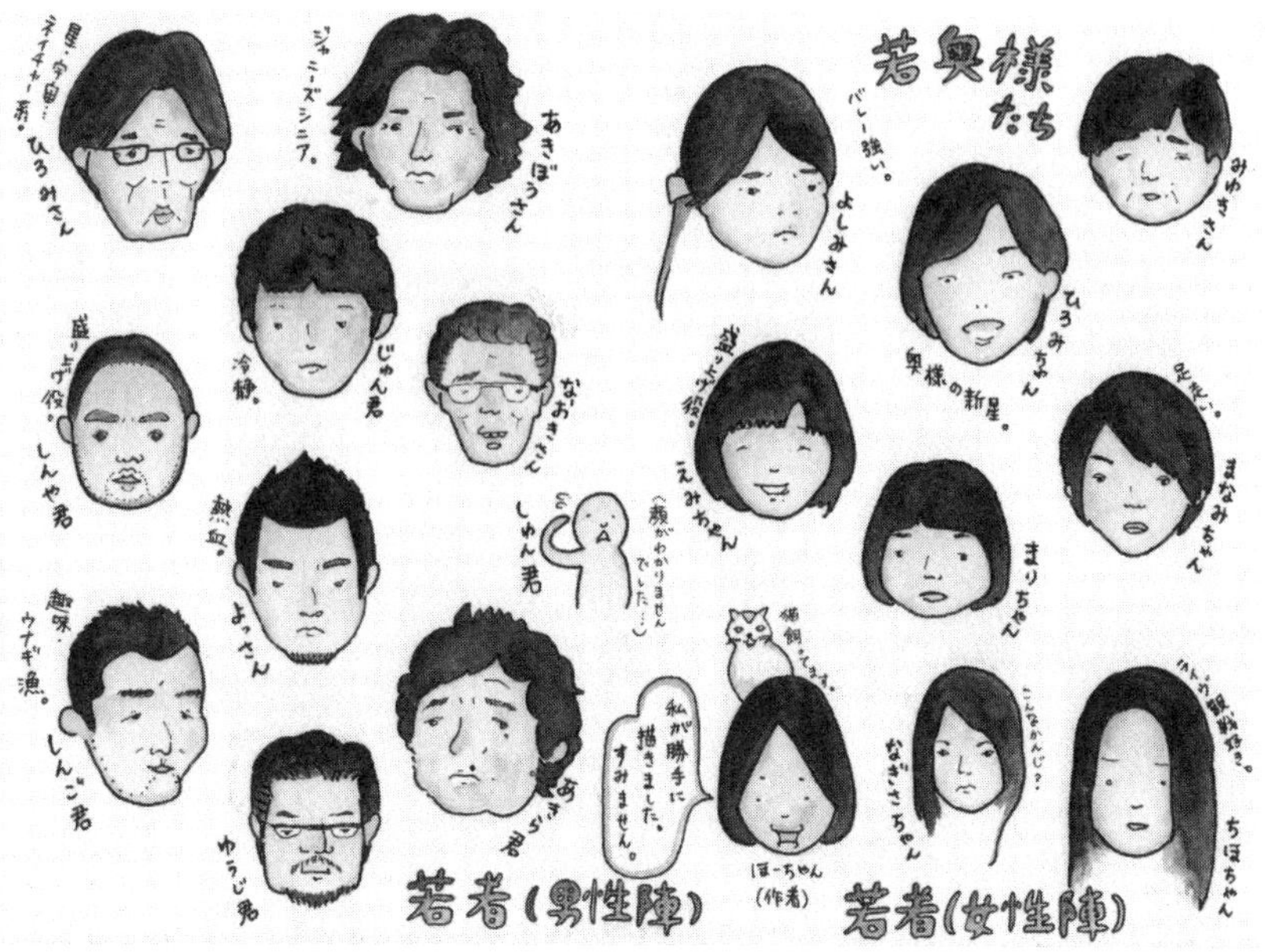

ど仲が良いということだと思います。

大抵、「こうばるは、オイたちがどがんかせんといけん！（こうばる地区は、俺たちがどうにかしないといけない！）」という話に毎回なっているはずです。

話が弾んで、いつも詰め所には夜遅くまで電気が灯っています。

最後に、こうばるに嫁いでこられた若奥様たちについてですが、すこぶる町内でも評判です。

核家族が主流のこの時代に、親と同居してくれるお嫁さんはなかなかいません。そんな中、こうばる地区という田舎で土地になじみ、子どもを出産して地元で働くということをやってのけ、周囲の嫁の来てのない男性陣は「（こうばる地区の男性陣が）うらやましくてしょうがない！」とのことです。

地元としては、「よかお嫁さんのきた！　こいで安泰ばい！」とお祭り騒ぎですが、お嫁さん自身はいろいろと大変だと思いますし、楽しいことばかりつづくとも限らず、当然、苦労もつきものだと思います。

小姑的な立場の私からは「頑張れ！　こうばるの若奥様たち！」と声援を送るしかありません。

テレビの報道でよく流れる、地元の人たちがシュプレヒコールをあげて反対している姿。あれだけを見ていると、こうばる地区には過激な人が多くて、すごく怖そうな集団がくらしているように見えますよね？

でも、たまたまここに「石木ダム」というダム問題があって、自然に反対しているに過ぎないのです。誰だって自分が住んでいるところに無駄な公共事業の問題が持ち上がったら、無関心というわけにはいかず、「賛成してここを出て行く」か、「反対して残って闘う」かのどちらかを選択しなければならないのです。

つまり、こうばる地区に住んでいる一三世帯、約六〇人の人たちは、さまざまな誘惑に一切目もくれず、「反対して残って闘う」ことを選んだ芯の強い人たちだと言えるでしょう。

コラム　川原《こうばる》ホタル祭り

石木ダム建設絶対反対同盟　岩本宏之

私達が住んでいる川原地区は、周りが小高い山に囲まれ、比較的に段差が小さい棚田が広がり、清流石木川の中流域に位置し、川には七～八カ所に固定堰が設置され田圃《たんぼ》の用水に利用されています。そのため、水溜まりが多く河川の中には、小石から何百キロもあるような大きな石も数多く点在しており、ウナギ、モクズガニ、その他魚介類の生息場所にもなっています。特に、ホタルの餌になるカワニナが数多く生息し、ネコヤナギの群生も見られ、ホタルの産卵場所に最適です。清流にしか自生しないネコヤナギは、早春には柔らかく白い可憐な蕾が一斉に芽を吹きます。このような場所は、県内には殆どありません。

ホタル祭りは、石木ダム建設を阻止するための反対運動の一環でもあります。「このかけがえのない美しい自然を子々孫々へ残してやるべきだ」ということを大勢の人に知ってもらうために始めたものです。第一回川原ホタル祭りは、一九八八年六月に開催しましたが、当時ホタルの数は少なく、二～三〇〇匹程度ではなかったかと思います。ホタル観賞に訪れた人達に少しでも長い時間楽しんでもらおうと餅つき、ホタル籠《かご》作りの体験や、ふるさと産品（タケノコ・ゼンマイ・コンニャク・ワラビ・ツワ・フキ・ワサビ・梅等）、焼き鳥、焼き肉、ビールなどの販売、他にチャリティバザーや子供向けに金魚すくい、イモリ釣りなどを企画しました。第一回は、ダ

ム絶対反対同盟一三世帯で実施しました。お客さんも三〇〇人くらい押し寄せて大変賑わいました。みんなも初めての体験でしたが、なんとか無事に終了することができました。

その後、農薬なども改善され、ホタルの生息環境も良くなり、ホタルも年々増え続けました。それに伴い祭りもより充実し年々盛大に開催されました。二〇一三年五月開催の第二六回目のホタル祭りは、屋台のスペースも広く、以前の五〜六倍になり、珍しい物や数多くのふるさと産品が陳列されました。又、ホタルの数も今では数千匹という数になりました。祭りの主催者は、川原地区に残ったダム絶対反対同盟の一三世帯になりましたが、地区外の人達の応援を受けて実施しました。今年も一〇〇〇人以上のお客さんが訪れ、大変賑わいました。

今では、川棚町の大きなイベントにもなり、町内外にも広く知られるようになりました。これからも、新聞などの報道や口コミにより訪れるお客さんやホタルの数は、年々増え続けることでしょう。

第三章　石木ダム事業認定を斬る

水源開発問題全国連絡会共同代表　遠藤保男

二〇一三年九月六日、九州地方整備局は石木ダム事業認定を告示しました。驚くことに、この事業によって居住地とこれまで築き上げてきた地域社会を剥奪される一三世帯六〇名の存在については一言も触れていません。

石木ダム建設事業は、その事業目的である「治水」「利水」のいずれの面においても合理的な理由・根拠がないばかりか、不利益しかもたらさない事業です。「まったく不当な事業認定」と言わざるを得ません。本事業認定が不当であることを述べていきます。

1　事業認定とは

「公共の福祉」を楯にした「基本的人権」の制限

①憲法と土地収用法

「公共事業について、土地を収用するのにふさわしいものであることを、事業認定庁（国土交通大臣又は都道府県知事）が認定すること」を事業認定といいます。

石木ダム事業認定は、〝石木ダム事業は「公共の福祉」のための事業であるから、ダム予定地で何らかの権利を持つ人の「基本的人権の享受」を制限（土地・家屋等の諸権利を収用）するにふさわしい事業である〃という国の判断（九州地方整備局の判断）です。「基本的人権」と「公共の福祉」については憲法第一一条と第一二条にもられています。石木ダム事業認定が「基本的人権を制約してまで公共の福祉に資するのか」、という視点でなされたのか大きな疑問が残ります。

事業認定の判断は土地収用法に基づいて行われます。

事業予定地の居住民・地主・漁民など、何らかの権利を有している人が、その権利を事業者に譲渡することを拒否している場合、事業を遂行することができるように調整する法律が、土地収用法です。土地収用法の流れは次の二段階で構成されています。

(1)私権を制限することで失われる利益よりも公共の利益増進の方が大きいと判断した場合は事業認定庁が認定処分を下す。

(2)私権を制限される者にたいする損失補償については収用委員会が裁定を下す。

『〈第二次改訂版〉逐条解説　土地収用法』（小沢道一著、ぎょうせい）には、「土地収用制度は、公共の利益となる事業のために必要とされる土地を強制的に取得するという制度である」と記されています。つまり、公共事業を遂行するための法律です。

②事業認定基準

土地収用法に基づく事業認定は、憲法で定める「基本的人権」と「公共の福祉」をしっかりと踏まえた審査を行った上での結論でなければならないはずです。私権を制限して事業を遂行して良いか否かの判断基準（事業認定基準）は同法第二〇条に示されています。

（事業の認定の要件）

第二〇条　国土交通大臣又は都道府県知事は、申請に係る事業が左の各号のすべてに該当するときは、事業の認定をすることができる。

一　事業が第三条各号の一に掲げるものに関するものであること。

二　起業者が当該事業を遂行する充分な意思と能力を有する者であること。

三　事業計画が土地の適正且つ合理的な利用に寄与するものであること。

四　土地を収用し、又は使用する公益上の必要があるものであること。

石木ダム事業に関して、これらの条項を見てみましょう。以下は、前出『逐条解説』を参考にして記します。

一について、土地収用法を適用できる事業は第三条に掲載されています。当該事業がここに掲載されている事業であればこの要件を満たすことになります。ダム事業は第三条にもられています。

二について、意思とは長崎県・佐世保市としての方針、長崎県議会・佐世保市議会の議決を指すと考えられます。現在は本当のことを県民・市民に知らせることなく事業を進めてきたので、県・市の方針、県議会・市議会の推進決議が成立していますが、本当のことを県民・市民が知ったならば、「石木ダム不要」の声が圧倒し、「石木ダム不要」を議決する可能性が高くなるでしょう。しかし、この事業決定過程が事業認定審査では検証されていませんでした。

能力とは、事業途中で財政面、技術面あるいは法的障害などで、頓挫する恐れがないかの判断です。石木ダム事業認定の場合は、「過大投資によって思うような事業効果が上がらずに佐世保市水道事業が赤字経営に陥り、財政が破綻を来して事業が頓挫する恐れはないのか」が検証されることはありませんでした。

三の「土地の適正且つ合理的な利用に寄与」とは、『逐条解説』では、「『当該土地（起業地）がその事業の用に供されることによって得られるべき公共の利益』と、『当該土地がその事業の用に供されることによって失われる私的ないし公共の利益』とを比較衡量し、前者が後者に優越すると認められることを意味している」としています。

「事業によって得られるべき公共の利益」については、「（治水の場合は）事業の根幹となる計画高水流量（治水目標流量）が計画論として妥当か否か（過大でないか、逆に過少にすぎることはないか）の審査が極めて重要である」と記述されています。また、「（この科学的）審査がしっかりなされていないと、『事業によって得られるべき公共の利益』の大きさについての判断も異なってくるとともに、起業地の範囲が必要最小限のものであるかどうかについての判断も異なってくる」と指摘されています。

石木ダム事業認定においては、治水面においても利水面においても必要性の根拠が計画論として妥当か否かについて、認定庁である九州地方整備局は起業者（長崎県と佐世保市）の言い分をそのまま追認するだけで、異論反論を踏まえた科学的審査は皆無でした。逐条解説から大きく外れた「事業によって得られるべき公共の利益の評価」でした。

私的利益とは、土地の利用状況に応じて、居住の利益、経済的利益（営業、営農、山林経営等の利益）、信仰上・宗教上の利益等種々のものがある、と記されています。

「失われる公共の利益」については、「景観的・風致的・宗教的・歴史的・学術的文化価値」「環境の保全」もこれに含めた例（日光太郎杉事件の一審及び控訴審の判決）、宗教的文化的価値を含めた例（西大津バイパス事件の大津地判）、信仰上・宗教的行為の利益を含めた例（長野地判）、アイヌ民族文化を含めた例（二風谷事件札幌地判）を紹介しています。

居住民が受ける不利益については、「宅地の場合には事業の施行によって家屋の移転を余儀なくされ、被収用者に与える影響が大きい場合が多いから、他の地目に比して右の利益（失われる利益）が最も大きいと考えられる」としています。特定道路事業で宅地がかかる場合は、この三号要件を満たさないことになる、と書かれています。

しかし、石木ダム事業認定は、一三世帯居住民の存在に一言も触れていません。一三世帯は数世代にわたって現居住地で生活を続けています。お互いに助け合い、生活を共にしてきました。力を合わせてその恵まれた自然環境の維持にも努めてきました。毎年五月の最終土曜日にはホタル祭りを開催しています。近隣から多くの人が集まり、ともにホタルを愛でてきました。

そしてなによりも、この四〇年間は石木ダム計画に堅い連帯を以て反対を貫き通してきました。「こんなに素晴らしい居住地から離れることはできない。ここにずっと住み続けたい」、ただそれだけのことです。この想いが一三世帯約六〇人に世代を超えて受け継がれています。事業者の対応によっては、生活を続けることが時にはダム反対実力闘争を余儀なくされることもありました。

石木ダム事業認定は一三世帯居住民約六〇名の財産権だけではなく、この地に住み続けること＝居住権を侵害し、この地に住んでいるからこそ満たされてきた生きる喜びを侵害し、互いに助け合って築き上げてきた相互の生活の場を破壊します。

一三世帯居住民約六〇名は事業認定されようとそんなことは意に介さず、「生活を続ける」と宣言しています。たとえ将来収用裁決が下りようとも彼らがそれに従うことはありません。起業者がどうしても石木ダム事業を遂行しようとするのであれば、行政代執行で彼らを物理的にたたき出すことになるでしょう。

そのような蛮行が法治国家で許されてよいのでしょうか。

四に関して、逐条解説は、「一号から三号までの要件の判断において考慮される事項以外の事項について、広く、①収用・使用という取得手続をとることの必要性が認められるかどうか、②その必要性が公益目的に合致しているかどうか、の観点から判断を加えるべきことを意味していると解される」としています。

公益性があるとしても、その事業のために今、収用しなければならないのかということも問題になります。石木ダム建設事業の目的はすべて科学的根拠がないので、石木ダム事業に緊急性はまったくなく、第二〇条四号要件を満たしていません。

以上みてきたように、本事業認定は、土地収用法を適用する上での諸要件を科学的に明らかにすることなく、事業者の言い分をそのまま追認したもので、私たちは到底認めることは出来ません。

2　石木ダムの必要性の検証

石木ダムには、治水目的として川棚川山道橋下流域の氾濫防止、利水目的として佐世保市水道の水源開発四万㎥／日、正常な河川機能維持を持たせています。しかし、これらの目的は以下詳述するように、すべて破綻しています。

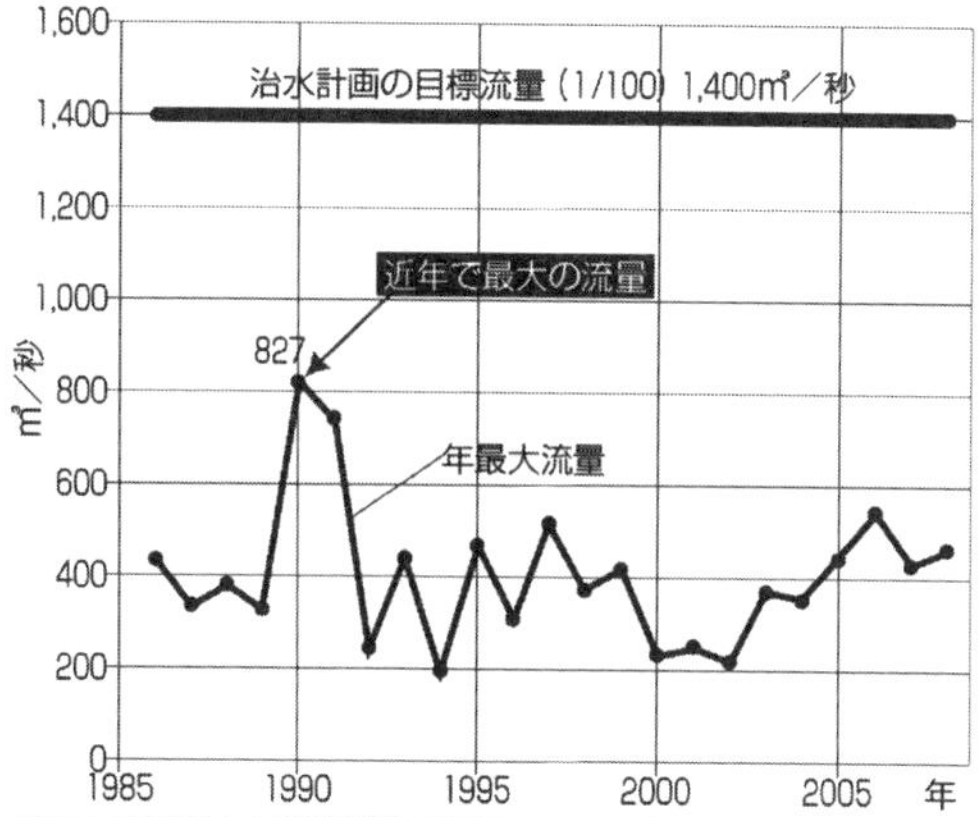

出典：長崎県土木部河川課の資料。1990年の実績は中田橋の観測値からの推定。

川棚川・山道橋の実績洪水流量と計画洪水流量

治水目的

石木ダムの建設ではその目的「近年最大の洪水『一九九〇年七月洪水』が再来した場合の浸水被害を防ぐこと」ができません。

まず、石木ダムは川棚川下流部に合流する石木川に造るダムで、川棚川の治水対策としてなぜこのような場所につくるのか、もともと不可解なダムです。そして石木ダムが治水計画で必要となるのはきわめて大きな洪水が来た時（近年最大洪水の約一・七倍、図参照）だけで、必要性が希薄です。ただし、この洪水が来ても川棚川は溢れません。

近年最大の一九九〇年洪水で川棚川下流域で浸水が生じ

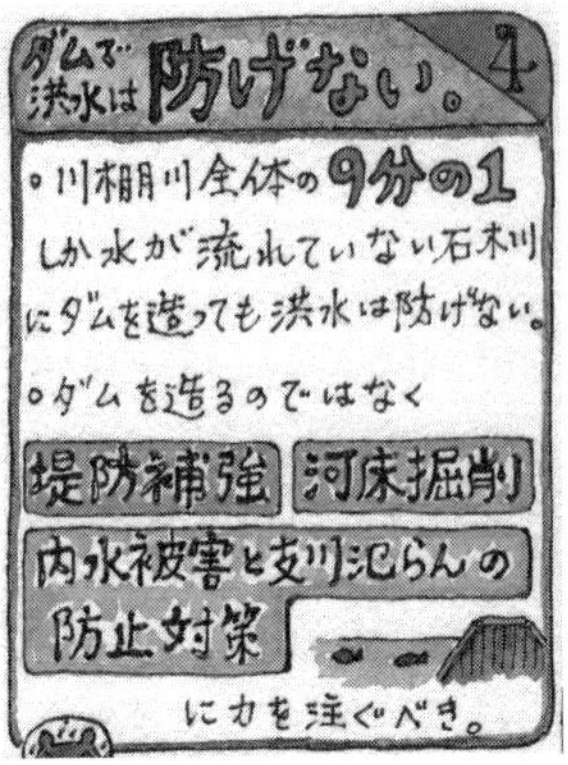

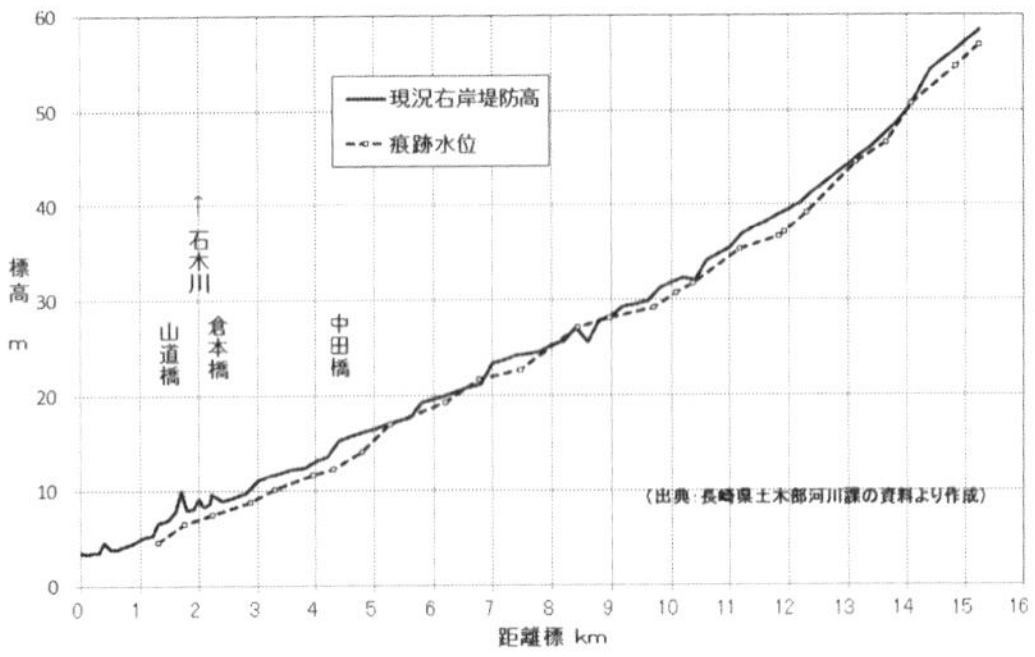

川棚川　現況堤防高（右岸）と1990年7月洪水の最高痕跡水位

ていますが、川棚川の痕跡水位が堤防高を下回っていたことから、川棚川はあふれていなかったことが分かります。

支川の氾濫や内水氾濫（降った雨が排水路等で流し切れずに溢れてしまう現象）によるものです。一九九〇年の洪水が再来しても、石木ダムでは川棚川下流域で浸水を防ぐことはできません。

石木ダム事業に河川予算が使われ、本来必要な川棚川の治水対策（堤防整備・強化、河床掘削など）がなおざりにされています。

川棚川流域の浸水を防止するために早急に取り組むべきことは、①川棚川下流部の野口川等の支川氾濫、内水氾濫を防止する対策、②河口近くの最下流部（川棚橋から河口までの約六〇〇mの区間）の堤防整備、③川棚川全体の河床の掘削の三点であり、石木ダムの建設ではありません。

利水目的

佐世保市水道が石木ダムに求める必要量四万㎥／日は、二〇一七年度の水需要予測値（一日最大取水量）一一万七〇〇〇㎥／日と、安定水源水量としている七万七〇〇〇㎥／日の差から求められたものです。しかし、実際には次に述べるように将来の水需要一一万七

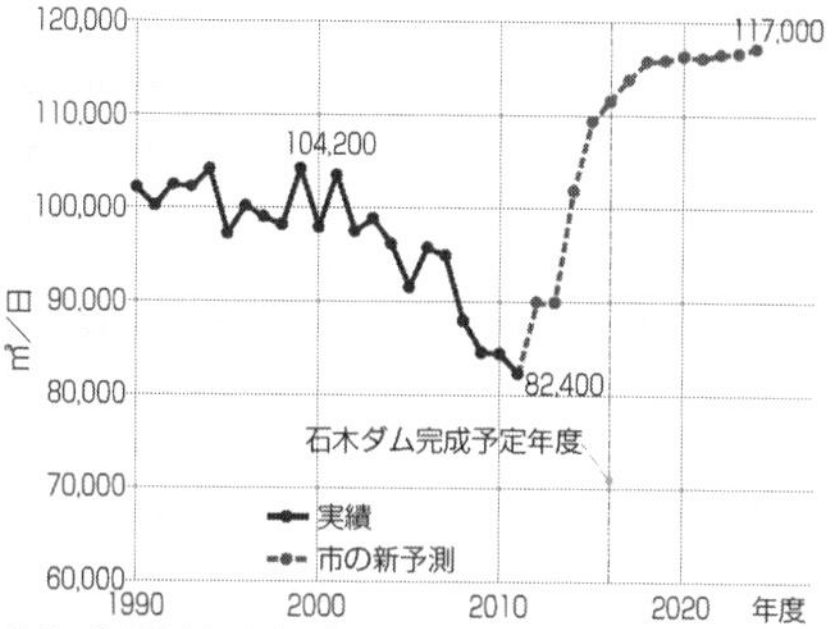

出典：佐世保市水道局の資料
一日最大取水量の実績は一日最大給水量の実績からの換算値を示す。
この換算には2007〜11年度の利用量率の実績平均97.4%を用いた。

佐世保市水道の１日最大取水量の実績と市予測（佐世保地区）

○○○m³／日は実績の傾向を無視したきわめて過大な値であり、また、実際に佐世保市が利用できる水道水源は七万七○○○m³／日よりはるかに大きく、石木ダムがなくても、将来とも水需給に不足をきたすことはありません。

佐世保市は水源に余裕あり

佐世保市水道の水需要は上のグラフに見るように一九九九年度から減り続けています。

二○一一年度の一日最大取水量は八万二四○○m³／日まで落ち込んでいます。

佐世保市は安定水源が七万七○○○m³／日しかないとしていますが、渇水時のデータを見ると、不安定水源とされている水源が少なくとも一万五○○○m³／日以上使われていますので、実際の安定水源は九万二○○○m³／日以上あります。

現状では保有水源に約一万m³／日以上の余裕があり、水需給に不足をきたすことはありません。

架空の予測を続ける佐世保市

佐世保市水道の水需要が一九九九年度から減り続け、二割も減っているのに、佐世保市はこの実績の傾向を無視し、二〇一四年度からV字回復して急増していく架空の予測を行っています（31頁の図参照）。石木ダムの予定水源四万㎥／日が将来は必要となるように、数字をつくりあげているのです。

実際には佐世保市水道の需要は人口の減少と節水型機器の普及によって、今後も減少傾向が続いて、水需給の余裕度が次第に高まっていくので、石木ダムの水源が必要となることはありません。下水道普及率が上昇しても、節水型水洗トイレが使われること、その他の節水機器が普及することなどから、使う水の量はさして増えません。むしろ、下水道の普及にあわせて中水道の普及を図ることで、実質的な水使用量を削減することが出来ます。

佐世保市水道局の基本的な考え方は、生活用水原単位（生活用水として一人が一日あたりに使用する水量）についての考え方に象徴されています。それは「生活用水原単位が低迷しているのは渇水経験による節水習慣によるもので、二〇一二年度以降に一九九四～二〇〇四年度の年間増加率に応じた『回復』を示す」という主観的なものであり、科学的根拠は示されていません。二〇〇五年と二〇〇七年の渇水は、水道水使用パターンに深刻な影響をもたらすほどの渇水ではありませんでした。まして、水道水使用量が増えるならばそれに支払う水道料金も増えてしまいます。さらに、景気が良くなれば改築・建て替え・新築、家財道具の買い替えが進むことで、節水型トイレ、節水型洗濯機、追い炊き型風呂、食器洗浄機などが普及するでしょう。「二〇〇四年度から二〇一二年度にかけての緩やかな減少傾向が今後も継続する」とみなす方が自然です。

筆者は、水道局の予測と二〇〇二年度から二〇一二年度の実績に、逆ソレノイド曲線を適用して生活用水原単位を予測しました（左上グラフ）。

佐世保市水道局は、佐世保地区の生活用水原単位は上昇傾向にあるとして、二〇二四年度予測値は二〇六L／人・日としていますが、当方の予測では、一八八・八L／人・日と約一割低い値になっています。実績期間の計算値は実績値ときれいな一致を見せています。

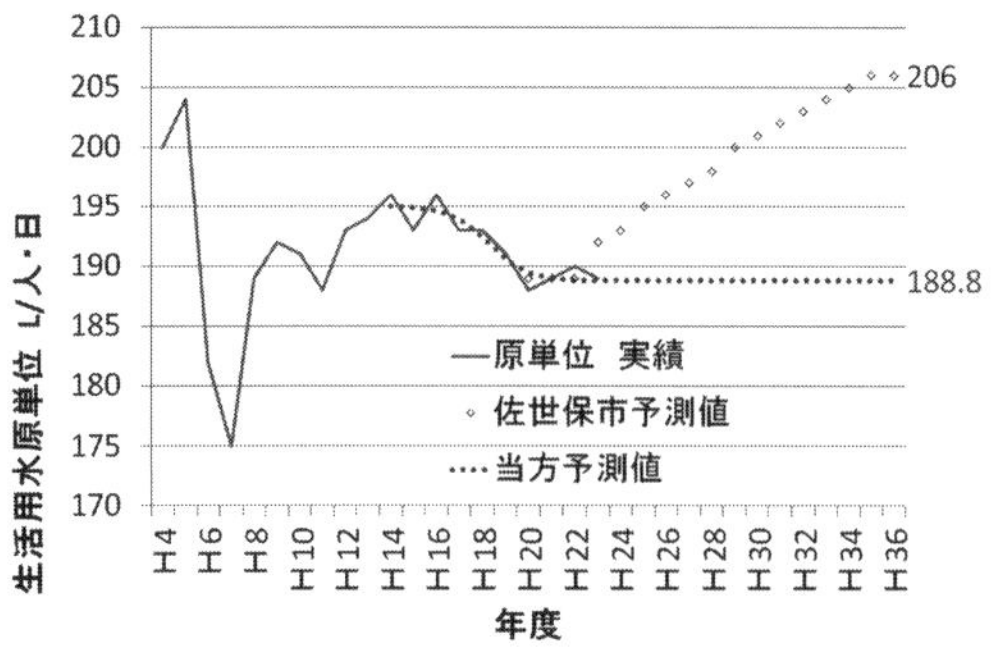

生活用水原単位（佐世保地区）

これから先、生活用水原単位は増加することが無く、給水人口は減少傾向が継続するので、生活用水の減少は目にみえています。このような傾向は事業所や工場関係でも同様です。水の節約は経費削減につながるので今後も進行します。水需要が増加していく見込みはありません。

流水の正常機能維持

川棚川は実際には渇水時も必要な流量が流れていますので、石木ダムからの補給は必要ありません。

石木ダムの建設目的には川棚川の「流水の正常な機能の維持」もあって、そのためにダム計画の貯水容量の中に七四万㎥の容量が確保されています。川棚川の山道橋の正常流量（一～三月：〇・〇九㎥／秒、四～一二月：〇・一二㎥／秒）を維持するために必要とされているものです。

石木ダム建設事業に関わる佐世保市実質全負担額
（石木ダム建設事業の検証に係る検討　概要資料　参考資料３－１　平成 24 年４月長崎県から作成）

Ⅰ	佐世保市実質水道関連事業費負担額（Ⅱ＋Ⅶ）	億円	188.50
Ⅱ	実質石木ダム総事業費負担額（Ⅴ＊（1.0 －Ⅵ補助金割合））	億円	66.5
Ⅲ	石木ダム総事業費	億円	285
Ⅳ	利水分割合		35.0%
Ⅴ	石木ダム総事業費分担額	億円	99.75
Ⅵ	補助金 割合		33.3%
Ⅶ	実質水道施設費等負担額（Ⅷ＊（1.0 －Ⅸ補助金割合））	億円	122.0
Ⅷ	水道施設費等	億円	183
Ⅸ	補助金 割合　（Ⅷの事業すべてが補助事業とした場合の推測値）		33.3%
Ⅹ	維持費　5.9 億円 / 年 程度（水道施設含む）50 年分	億円	294
Ⅺ	佐世保市実質総負担額（Ⅰ＋Ⅹ）	億円	482.5
Ⅻ	同上年額（Ⅺ /50 年）	億円	9.7

しかし、山道橋の観測流量（佐世保水道への取水後の流量）実績を調べてみると、この正常流量を下回ることはなかったので、「流水の正常な機能の維持」の目的は意味がありません。

3　佐世保市民の負担

利水目的である四万㎥／日の新規開発の事業者は佐世保市です。佐世保市は水需要が減少傾向にあるにもかかわらず、Ｖ字型に需要が回復すると見込み、四万㎥／日の新規水源開発目的に石木ダム建設事業の起業者として長崎県と共に事業認定を申請しました。石木ダム事業への参画が行われ、併せて付随した水道施設拡大事業が行われることで、佐世保市水道会計は上の表に示すように、事業費と維持費を含め、低く見積もっても年間九・七億円の出費が義務付けられてしまいます。この計算では、水道関係事業はすべて補助金がつくと仮定し、起債利子分は計上していないので、年間出費が九・七億円を下回ることはありません。

しかしながら、2の「利水目的」でみたように、佐世保水道において水需要が同局の言うようなV字型回復はあり得ません。水道料金の増収が見込めないので、佐世保市水道を利用している人は水道料金値上げ分として、一般会計から補填する場合は佐世保市民が納税分として支払うことが義務付けられてしまいます。

給水人口を二〇万人とすれば、佐世保市水道を利用している人は何の利用価値もない事業に費やした起債の返済と維持費に、平均して毎年四八五〇円の負担を強いられます。

4　石木ダム事業による被害者

土地収用法適用による直接の被害者は一三世帯六〇人ですが、これまでみてきたようにこの事業は全く不要な事業なので、事業費の負担を強いられるすべての人が被害者です。

石木ダム事業の中止を求め、それにかかる経費をもっとまともな、長崎県民・佐世保市民にとって必要不可欠な事業にまわすよう、長崎県と佐世保市に求めていきましょう。

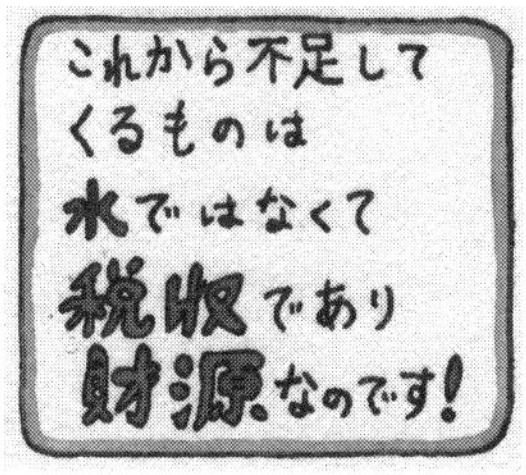

第四章　住民座談会　行政と闘い続けた半世紀

座談会期日：二〇一三年一一月二一日
場所：長崎県東彼杵郡川棚町川原公民館

【出席者】
A：男性、六〇代
B：男性、六〇代
C：男性、六〇代
D：男性、六〇代
E：男性、三〇代
F：女性、六〇代
G：女性、六〇代
H：女性、三〇代
司会者：女性、ブックレット編集委員

座談会の様子

司会者　この石木ダムの闘いのユニークさをぜひブックレットで多くの方に伝えたいなと思っています。約二時間皆さんに存分に語っていただきたいと思います。県がやってきたこれまでの経緯やそのやり方について、皆さんがどう闘ってきたかという歴史みたいなものの原点を一九六二年から振り返って徐々に今に近づいていくという形で話し合っていただくというのがひとつと、石木ダム建設絶対反対同盟としての歴史、どういう経緯で同盟が生まれて、どういう闘い方をしてきたかとか、皆さんが大切にしていることとかを、後でお話ししていただきたいなと思っております。

無断で湛水線測量

司会者　最初は一九六二年に、住民の方や町に何の事前の連絡もなく、いきなり測量調査が始まったように聞いてるんですすが。

A　私は、六二年頃定時制高校生だったので、頼まれてその測量のアルバイトに一週間程行きました。湛水線の測量とか田圃の高低差などの測量でしたね。またその数年前から、地区の総代が町役場の委託で行っていた石木川の水量調査の報告書を毎月役場の建設課長へ届けていた記憶があります。

D　私が小学校の五、六年生頃だったと思うんですが、ポールを持った人やヘルメットを被った人が何人かウロウロしてた、測量か何かをしてたという記憶があります。

司会者　記録によると、その時は町にも何の連絡もなかったので、追い返したみたいに書かれてるけど。

B　追い返すとか何とかはしてないですよ。地区にもダムの調査とか何とか言わずにされてたから、地区の総代たちが集まって町長に抗議したと。町長が県に抗議して中止になったというだけのことですね。追い返したとか何とかってあってるわけじゃない。

予備調査のこと

司会者　その一〇年後に予備調査が始められるわけですよね。予備調査を始める時に、覚え書きを交わしたんですね。

B　最初の依頼は、一九七一年一二月にあってるんですよね。予備調査させてくれと。それからこの同意書を作るまでに半年以上期間があるんです。県と町から何回も公民館にみえて、やりとりしたわけです。ただ、石木ダムを絶対造らせないちゅうことで、絶対反対ということであったもんだからですね、同意しなかったわけなんです。最終的に町長が来て、河川開発調査はあくまでも予備調査だと、建設が前提ではありませんと言うて、ここの公民館に来て入口の所で土下座して頼まれたんですよ。それがきっかけで、その覚書を交わした形で予備調査に同意したわけです。町長自身がそこで頭を下げたんですよ。「お願いします」って。私たちは絶対に予備調査をさせないと言ってたんですけどね。

A　予備調査は一九七四年八月二六日にその結果が発表されてます。

B　実際、この発表は地区総代だけにしかいってないんですね。地区の人には全然知らされてなかったんですよ。この年の一二月に新聞に建設の工事着工の予算が付きましたということで新聞に報道されたんです。それと、その時に国会議員から総代宛に来た文書があるんですけれども、

バス小屋（1982 年 1 月）

「見ざる、言わざる、聞かざる」
看板塔建設（1979 年 1 月）

「石木ダム工事着工おめでとうございます」という電報まで来たんですよね。それで一二月に慌てて、私たちが集まってダムに反対しようということで看板を作ったりしたんですよね。

司会者　一二月まではご存じなかった？

B　私たちは知らなかったです。ただ総代にはもう八月の時点で文書がいってたんですけれど、だいたいこの総代というのが、賛成の総代だったもんやけん、何にも言わんで隠してたんですね。

ダム反対看板設置と最初の石木ダム建設絶対反対同盟結成

司会者　そして強制測量までは一〇年くらいありますけれども、その間は何か動きがありますか。

B　新聞に載ったその年に、ダム絶対反対の看板を二カ所位設置しましたね。

司会者　そうやって住民の方は、はっきり反対の意思を見せたわけですね。

B　そうです。一九七四年一二月になって、最初は川原地区と岩屋地区だけで反対運動を始めたわけですね。木場地区まで入って三部落で活動を始めたのは、七五年になってからなんですよ。だから、七四年の一二月時点では、まだ石木ダム反対同盟とは言ってなかったんですね。ダムに反対する有志で。そして、三部落がまとまって七五年一〇月一日、石木ダム建設絶対反対同盟を結成したんです。その頃、この公民館で説明会が何回も開かれたんですよね。県がいろいろするもんやけん、看板に「見ざる、言わざる、聞かざる」と書いて、絶対反対同盟の若い人たちを中心にして、今の塔を建てたわけです。それが七八年。そして、反対するために中古の大型バスを設置して、そこを娯楽室を兼ねた集会所（バス小屋）にしていました。

反対同盟の切り崩し

司会者　同盟の切り崩しがあったようですが、その辺の所を是非聞きたいですね。

D　反対同盟には、ダム計画の三地区から委員が選出されて、会長や副会長等の委員会組織があったんです。その中で、絶対反対じゃない、いつまでも反対できないんだっていう風な意見が出てきだして、「言わんちゃよかやんか。まあ町の話を聞いてみようや」っていう意見と、「んにゃおかしか。それはダメやんか」という意見がだんだん出てくるわけたいね。そがん風にしおるうちに、予備調査の結果ダム建設は可能って出たとあるけん、もう造ってもいいじゃないかという風に、今度は建設の話がどんどん入ってくるごとなっとたい。同盟全体の中に当時の町長と同級生とか、町長に立候補する時に応援した地域の人とか、仲間とか友達程度の人たちがおって、「そがんいつまでも反対せんちゃよかやっか」という風な意見と、「それはおかしかやっか。ダム反対と決めたばかりやんか。そがんするってどがんすな」ていう風な意見があって、結局、人が分けられてしまうっていうか。そがんするうちに、私覚えてますが、Bさんが委員でしたので、よく彼から話を聞いていたんですよ。委員会に行くと、酒と鉢盛を持って町長や建設課長が来るわけですたい。「それは何にかって、ダムの話言うてそんな酒ば持って来んちゃよかやっか」って、Bさんがひとりで一生懸命反対し鉢盛ば持って帰らせたとか、自分は出された酒を絶対飲まんかったとかいう話がしばらく続いたように私は記憶してます。委員会がどうもおかしか、どうもひっくり返りよるごたるから傍聴に来んかっていうことで、Cさんと私がBさんから呼ばれて、傍聴ですよ。同じ地区ですけれども委員じゃないもんですから。その時に私が、推進派になったような人たちから言われたのは、「何でお前たちが」とか、「お前たちがどうのこうの言う問題じゃなかと」という風な。我々がダム問題についてはやっていくんだから、若者は黙っとけみたいなことを言われたことがあったですよ。

H　しゃべらないで聞くだけしかできない？

D　そうそうそう。委員会の雰囲気を見に玄関まで入っただけで、そういう風にもう余計言われて、それでBさんが一生懸命になって一人で言うわけたい。「言うこと聞かんちゃよかと」って。

H　Bさんは委員やったと。若手ではひとりだけ？

D　Bさんは若くしてお父さんを亡くされてたから、当時既に世帯主やったんですよ。僕らは、まだ親父が世帯主やったので、地区の会合とか出られんやった。

C　前後するかもしれませんけれど、その頃は先ほどのダムの委員会の役員さんやその当時の部落の長老、その方が町に呼ばれて、飲み屋で酒食のもてなしとかがあってたんですよ。それでそういうことを聞いて、タクシーが来るんですよ。この辺はタクシーは珍しかったもんですから、おかしいということで車で後を尾行して行ったこともあります。どうもおかしくなってきてるぞということを。その会場の中に入れんけど、外で何かおかしかことあるよって言って。そういう雰囲気を感じたわけですね。これは親父達に任せたらどうにもならんと。

H　その頃と言えば、皆さんまだ二〇代半ばですね。しっかりしてたね。

司会者　若者がしっかりしてたから今があるんですね。

D　町長が軍隊の先輩でもあったし、学校の先輩でもあるし、それで反対と言いながらも、呼ばれれば行かんばやろというような、三々五々集まって何人か行ったりして。で、その時分から「俺が行くって。親父行かんでよか」って。「何でって、俺いがここは後取りなっとちゃろたいって。いつもそがんお前言いよるやっか」って。もうよかって。郷会に出て「私は世帯主です」って言うごとなって。世帯主は誰かっていうのがあったとですよ。親子で意見が食い違うとか、そういう人も中にはあったしですね。で、今日から私が世帯主ですと。そんなことあって、そういうのが何人ちゃあっとですよ。その当時ですね。

反対同盟が分裂の時もずっと僕らも来てましたし、ですからどがん情勢かというとば、いろいろ言ったりとか木場とも話をしながら、ということがあったですよね。

反対運動の分裂

司会者　分裂のきっかけは何ですか。

C　結局は今のような形で、親の世代は長いものには巻かれろという感じのそういう風に言いおったですね。先ほどBさんから出ましたけれど、委員会があってもなかなかみんな言わないんですよ。そがん感じですよね。委員会でも委員長の言う通りになるとかですね。そういう雰囲気だったですね。ですから、私たちが活動したりしたら、逆に過激派という言い方されてですね、問題視されてきたですね。早く言えばここに挙がってるような、看板塔建てたりですね。看板塔建てた頃から激しくなったですね。

B　その頃、県職員が夜に戸別訪問して説得して回るものですから、川原地区の田原と看板塔の二箇所に大きなスピーカーを付けて県職員の動きを知らせとったとです。

D　同じ頃、若い世代はほとんど職場で労働組合に入とった。その関係で長崎県労働組合評議会の総評オルグで「諫早の自然を守る会」の故山下弘文さんを知ったとです。同盟がガタガタしとる頃だったので、山下さんの話を川原地区の仲間に聴いてもらい、山下さんの指導を受けながら活動を活発化させていったとです。

D　で、その時の同盟の委員会が、「オルグば入れたざい」「オルグば入れたざい」って、総評、オルグって何なって言って。そういうことがあって、本当は実際「諫早の自然を守る会」の山下さんを入れたんですけれども、結局彼らが言うには、ああいう組合の総評オルグを若い者が地元に連れてきて、地元を混乱させるという意味に全部とられてしもうたわけですたいね。

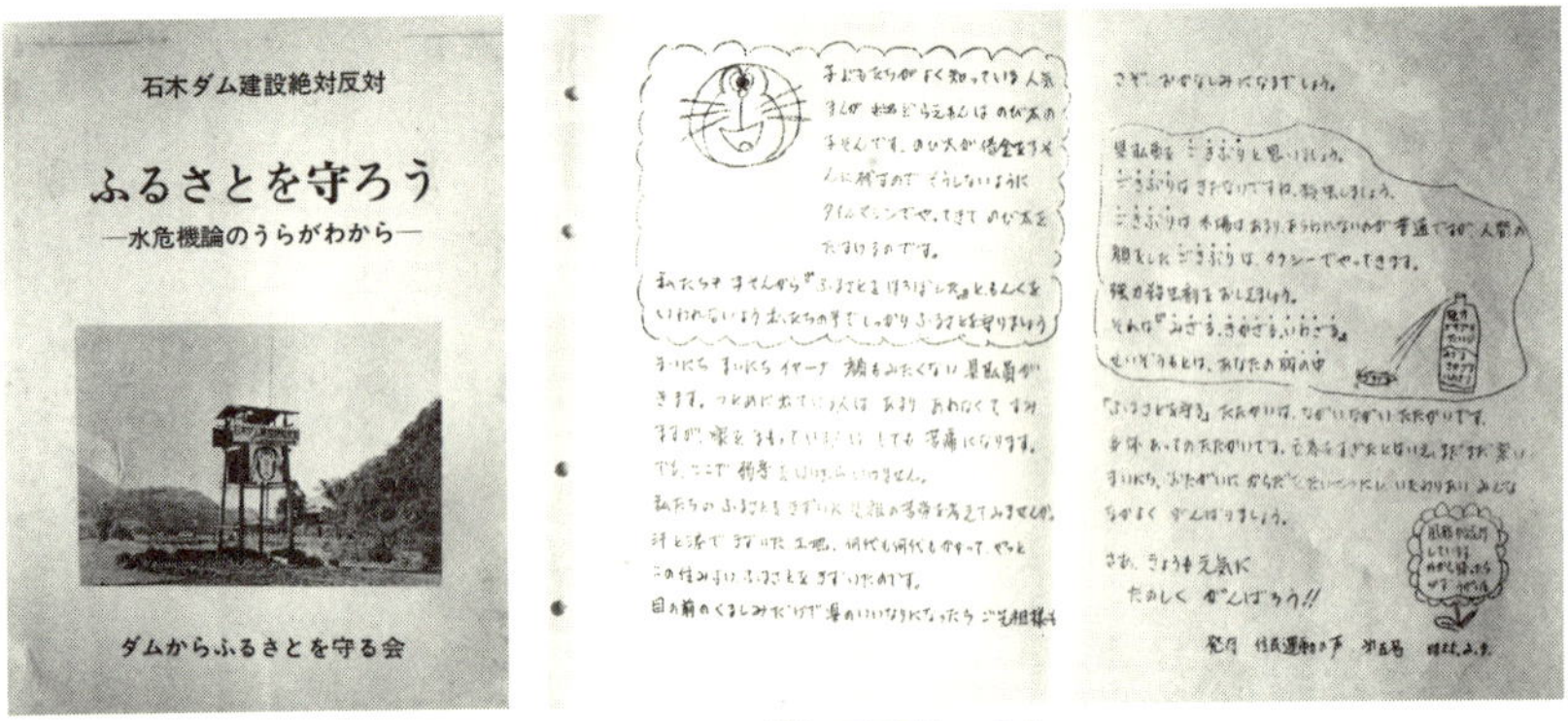

ダムからふるさと守る会のパンフとチラシ「住民運動の声」

ダムからふるさとを守る会の活動

司会者　一九七九年にふるさとを守る会ができたのですね。

B　同盟の中で活動できない状況になってきたので、「ダムからふるさとを守る会」っていうのを勝手に作って、同盟とは別の組織でやってたんです。

D　とにかく団結を固めんばということで、「住民運動の声」というチラシを作って同盟員に配布してました。そのうちに反対同盟を解散しようって話が出てきたとですよ。賛成と反対とごちゃごちゃ意見が出てきてですね、三地区の反対同盟が。それなら絶対反対の者だけでやろうということで、川原の二三世帯だけが残って、絶対反対同盟と言いながらも、「ダムからふるさとを守る会」ですよって、それをきちっと表に出したということですかね。

C　そんな活動の中から、パンフ「ふるさとを守ろう―水危機論のうらがわから―」を一九八〇年三月に発行して、町内外に反対の意思を示したとです。

石木ダム建設絶対反対同盟再結成

司会者　いただいた年表では、一九七九年に「ダムからふるさとを守る会」を結成し、ダム反対の理論闘争を始める。八〇年の三月一〇日に、石木ダム建設絶対反対同盟の幹部の離反により反対同盟を解散。八〇年三月一四日に川原地区二三世帯で新たに石木ダム建設絶対反対同盟を結成。ここから3・14大会が始まっているのね。それと反対同盟を解散する頃には、本当に絶対反対で頑張ってる皆さんと割とそうでもない人たちと、いろいろ同居している状態だったんですか。

B　同盟幹部の条件派への鞍替えで、双方同居している状態だったですね。

F　その時に「石木ダム絶対反対の唄」この唄ができたっちゃね。3・14の。山下弘文さんが飲みながらパパパーって書いて、この唄を作られたんですよ。この会場で、即興で。それで3・14というのは円周率でいいぞってなって、すぐみんなで歌ってやったね。住民運動は、酒ば飲みながらやったっさ。常に。飲みながら住民運動はせんば続かんて言って。

D　家主ばかり来たっちゃだめって、母ちゃんも来んば父ちゃんも子どもも来んば、じいちゃんも来んばって。誰っちゃ来んばさっていうことなって。今までは役員じゃないとどうのこうの言うたとか。なんせ委員会の傍聴に来たというだけでぐずぐず言われよったぐらいですからね。

B　反対同盟を再結成してからも二三戸で少なかったんですよ。元同盟の役員たちが岩屋とか木場を説得して回って、石木ダム反対対策協議会を作ったんですね。反対同盟二三世帯で、対策協議会が八一世帯と大きかったんですね。それでも私たちも頑張って、岩屋にも行ったんですけれども、岩屋もなかなかで。木場には一年間に百何回出て行ってますよ。酒持って行ってですね。ずっと説得をして回って一年後に再結成したわけですね。再結成ということで大同団結っていう

3.14 団結大会の様子

ことでやったんですよね。

司会者　その時に何世帯になったんですか。

B　その時木場が五四世帯かになったわけです。反対同盟の方が多くなって逆転したわけです。一年間百何日、ほとんど半分以上行っとったですね。飲みながらも説得ですね。毎日みたいに行ってましたよ。

A　これが、石木ダム反対対策協議会に入ったとが八一世帯よ。川原七、岩屋二八、木場四六で、木場の大部分が入ってしもうとったとたい。それからまた、木場ば説得してこっちに引き入れたとたい、反対のほうに。

団結運動会

F　二部落で運動会をね。町に反発して町が運動会をすれば、こっちが反対同盟がね、木場で運動会をして対抗しよったんですよ。町の行事には一切出ずに、自分たちでしようって言って、運動会を大々的に木場の広場でしよったんですね。その頃タヌキ会って言って余興をしよったんですね。面白おかしゅう。仮装をして踊りをしよったんですよ。面白かったですよ。家族全部出てね。もういっぱいでした。町会議員の方たちもその頃はダムに反対する人たちも多かったんですよ。多かったっていうかハッキリした人が多かったですね。今のように中途半端じゃなくて、自分は絶対反対って言ってくださる議員の方が。もう亡くなったですけどね。

G　ここにある優勝杯に団結大運動会って書いてあります。七回まではありますね。

司会者　だいたいいつ頃かわかりますか。

C　プログラムに「機動隊よりもたくましく」とかあったから、強制測量後ですね。

火焚き

C　火焚きといって二カ所で火を焚いて、県職員が夜に説得に上るのを監視してたんですよ。

F　ばあちゃん達も皆ご飯ばさっさと食べて、皆火焚きに集まって火を囲んでいろんなこと話すんですよ。今日は誰が通った。誰がこがん言った、あがん言ったてね。そして誰が上った誰が下ったって監視してたわけですよ。関所です。それも何年も続きました。

団結運動会の1コマ

ダム小屋（団結小屋）での監視と泊り込み

司会者　その時はダム小屋はすでにあったんですか。

F　あったんです。ダム小屋は、男性が二人組んで交代で毎日泊まり込んでました。日誌を書きよったんですよね。その日の日誌を。それと、ばあちゃん達は昼間に、朝からずっと夕方まで以前はいたんですよね。今も昼間は続いています。

B　ダム小屋は、最初はあそこが堰堤予定地ということで、一九七五年に

強制測量調査前の団結小屋（1982 年 1 月）

中島さんの土地を借りて前の反対同盟の時に作ったとさ。強制測量の時に小屋を増築して長くしたと。そして台風で壊れたと。団結小屋は見張り小屋を兼ねとっと。

F　監視です。それと、県職員や町職員が夜来たりしよったんですよ。その時には、皆外に出てるからワーッていって車を止めたりしよったんですよ。

女たちの思い

司会者　それはGさんやFさんは、お嫁に来てどのくらいしてから。で、特殊な地域に入ってきたっていう、驚きとかそういうのなかった?

F　入ってすぐじゃなかったからですね。でも来た時はやっぱり、ここはダムの予定地で、その頃までそんなに話は大きくなかったからですね。でも家を改造したくても、私はいつもぼやきよったんですよ。ダムができるかできんかどっちかハッキリすればよかとにねって。できるならできるってできんならできんて、家をしたかけど、どがんもできんて。何とも思わんでそういう気持ちを言ってましたね。どがんもされんて。だからそこまで絶対反対とかそういうものじゃなくて、こんなして振り回されてね、やぐらしかねっていうような感じですよね。だから、ずっとそこに住み続けながら愛着があって、これは絶対反対していかんばとか、そういうのが徐々に。徐々にっていうかね。許されんて思うたですね。そういうやり口がですね。

G　一九七五年は、私結婚した年ですね。だから知らなかった。でも、彼は嘘は言ってないと思う。ダムの予定地で反対してるというのは聞いてたと思います。ただね、こんな大事にっていう感じじゃなくて、そんな深刻に考えてなかったし、相手もそんな深刻に言わなかったっていうのがあって。

F　まだ二〇代やったけんね。

G　ねえ。あんまり深刻に考えてませんでしたね。

強制測量調査

司会者　強制測量の時に、初めてなんかすごいことになってるなって実感したのかな？

F　そいはそいで、そがん思わんやったね。その時はね、殺されてもよかって思ったよ。もう殺すなら殺せって機動隊に言ったですよ。

C　一九八二年四月九日に土地収用法第一一条による強制立ち入り調査があって、反対同盟の阻止行動でその日の測量は中止されたんです。

司会者　五月一四日に高田知事が出席って書いてあるね。川原公民館で話し合い。

B　その年の二月に県知事選があって就任したばかりの時に、この公民館に高田知事が来て言ったのが、地元民に知らせずには強制測量しませんよって言ったんですよ。そのすぐ後に高田知事が入院したわけですよ。検査入院で、そして退院したらすぐやったわけですよ。一週

高田知事（当時）との話し合い。1982年5月14日川原公民館にて

強制測量調査阻止行動（1982年5月）

間後ですね。ここに来てから。

B　昼間、山の上にNHKの中継車が上っていたんですよ。そしたら夜に報道関係から電話があって、明日強制測量がされそうだと知ったんです。すぐ山下さんに相談しようとしたんですが、対馬の方に行かれていて連絡が付かなくてですね。五島の漁業無線で連絡をとってもらって、今からどうしようもなかけんが、何もせずにおれってことであったんですけれども、そういうわけにはいかんということで、まず地区の者全部に「明日何時に集まってくれ」ちゅうなことでやって、阻止行動したわけですね。

B　五月二一日に不意打ちにやってきたということで、新聞なんかにも不意打ちということでしたやろ。

C　早朝に、車のクラクションを鳴らしながら皆さんに知らせて回ったんです。

司会者　仕事や学校休んで？　学校は、どのくらい休んだんですか。

G　五日とか書いてあった。ここでね、勉強したこともあったもんね。

E　その時、長崎大学の学生の方も来てらっしゃって、ここに机を並べてこの黒板で勉強してたというか、授業になってたかどうかわからんですけど。

司会者　ここで長崎大の学生さん達が休んだ子供たちに勉強を教えていたの。

A　教育委員会から相談に来たとよ。学校にやってくれろって。

F　一生のうちのほんの僅かって。子どもにしたら、これは一番いいことになるけんが、私たちは子どもと一緒に戦いますって言うてね。先生たちにも言いましたね。何十年のほんの僅かやけん、これはもう子供たちに一番大事かとて、言うた。

A　痛し痒しやもんね、向こうも。

司会者　素晴らしい。

D　役場に押しかけて座り込んだ時、E君が町長に読み上げてくれたんですよ。「町長さん僕たちを助けてください」って。よう読んだと思う。二年生で。

同盟休校の様子（1982 年 5 月、川原公民館）

E　紙に書いて、三人くらいで。あの時は何で行ったんですかね？

C　覚書に書いてあることを実行せんやったんですよ、町長が。

F　夜にも竹村町長の自宅にまでいっぱい押し掛けて、わんわん言ったね。「出て来い」って言って、すごかったですよ。その頃は一〇〇人くらい行ったろうか。

D　役場に行っとったら、五時になって、ものぶっつい（一言も）言わんで家に帰りかかったけん、全員ゾロゾロ付いて行って家の周りを取り囲んで。

F　「出て来い」ってもうギャーギャー言うてね。すごかったよ。

B　森林組合にも押しかけて行った。森林組合で会合のありよったもんやけん、そこに押し掛けて行った。

抗議行動（1982年、川棚町役場）

F　押し掛けろって、みんなワーッて。すごかったよ。
D　地区労のあの八〇〇ワットの拡声器でおめきおったもんね。
A　お寺の南無阿弥陀仏の正信偈があるんですよ。それをずっとカセットで流しながら、「もうやめてくれ」ってだいぶ言われたね。役場の前で南無阿弥陀仏のお経のカセットを宣伝カーでずーっと流して。
司会者　すごいね。
C　役場に座り込んだり、むしろ旗などを立てたりして。
B　町長が真宗じゃなくて法華宗やもんやけん、そんならって、南妙法蓮華経も流したんですよ。

水面下の切り崩しにあう

司会者　年表を見ると、一九八二年の後は事業認定まであまり大きな動きはないようですが？
C　それまでは、切り崩しがあったんですよ。静かな闘いって言いますか。一〇年ぐらいは、水面下で。戸別訪問じゃなくて裏で、裏工作っていうか。
司会者　今一三世帯でしょ。最初に新しい絶対反対同盟を作った時は二三とおっしゃってたから、その間に一〇世帯ぐらいは切り崩されていった？
B　川原郷の残存地区の九世帯も移転補償の対象になって、同意されてる方たちが六世帯あって、その人たちが先に出て行ったですね。あと同盟の三世帯が残ったんですよ。そしたら、その人たちの所にも元県職員で退職後県の嘱託で働いてる方がしょっちゅう見えて説得して。用地交渉を担当されたその人たちが、ひどい交渉をして、いろいろ言ってやってるんですよ。一番ひどいのは私が言われたとは、その人がそういう風に言っとるんですよ。その人にですね。「ここにおったっちゃいつまでも家はできんですよ」と。「Bさんが家ば作ってくれらすとですか」っちゅって、その人に言ったっちゅうな話もあるんですよ。「今やったら県が新しい家を作ってやりますと。しかし、もしダムができん時は、あんたずっとここにおらんばですよ」って、こげん言い方ですたいね。そういう風に言って説得されて仕方なく出て行かれたと。そげんな所は車も行かないもんやけんですね、不便だって言われよったけんですね。家をどっかに作らんばっていうこと言われおったけんですね。そういった説得をして、同盟の切り崩しをしたとです。その地区には、最終的に三軒おらしたとですけれども、その人たちを説得したってことですね。後の水没地権者七世帯を説得したっていうのは、私たちが全然知らなかったんですよね。よそから聞いて初めて、あの人たちの家を作りよるって聞いて初めて、あらっていうような形で、それまで。

F　全然わからんとだもんね。

B　普通に関係なく生活しよったんですよ。

H　突然やったとね。

F　一緒の行動を常にしよってね。子ども達も習字なんかもみんなでしよったんですよ。習字も一緒に習って、いつものように生活をして、月並み（お寺関係同朋月例会）で最後にあったんですよ。なんかおかしかねと思って、その時も全然知らなくてそこの家に行って、初めて。その時

抗議行動で道路封鎖（2009 年 2 月）

ダム関係者面会拒否

も挨拶もされなかったんですよね。今までお世話になりましたとかそういうのも何にもなしに、家ももう完成間近という時だったですけどね。

F　それがショックですね。本当に今まで一緒に行動して何でもしゃべりよったとに、本当に裏切られたって、それは一番のショックでしたね。仲間の中で。その人は人間的には全然悪くはないですけどね。

司会者　言えなかったんでしょうね。

F　言えなかったんですよ。それはもう十分にわかります。でも私たちは裏切られたっていうのがショックやったですね。一言も言わないでって。まあ言えないですよね。それは十分わかります。だから今でもこちらに不幸があったりした時には、お葬式や初盆にも見えるんですよ。

司会者　子供の立場で、同じ学校やクラスで、出て行った人と残ってる子どもとか、そういうギクシャクしたものはなかった?

E　強制測量当時は全然一緒だったので、そうなかったんですけれども、今その自分が親になって、自分の息子達の年代の時に、岩屋の人たちが今石木に下られて、その人たちの子どもさんとかがおられるときには、自分はちょっと抵抗がやっぱりありましたね。自分がそう思ってるだけかもしれんですけれども、子どもたちはたぶんもう三世代になってるので、もう全然よくわからんとでしょうけれども、親として自分たちが子どもだった

付け替え道路工事阻止行動（2010 年 4 月）

時にそういう思いをしたのが、親になって親同士で顔突き合わせるわけですよね。学校に行けばその時は壁をつくるというか、今も岩屋の人たちとかは、あまり親しくしゃべったりはしないんですけど。

事業認定

司会者　それでは、事業認定申請が行われて今年（二〇一三年）告示されてしまったけれど、その一連の二〇〇九年から二〇一三年九月までの間のことで何か？　申請があったとき皆さんどんな思いだったのか。

Ａ　やっぱり人が住んでる家を収用するっていうとは、それは絶対私はできんと思っとるですよ。だから、「認定をされたら、知事、あんたが困るでしょう」って言うたことがあるんですよ。「取り下げろ」って何度も言うたんですが、知事は「取り下げん」て言うたけんですね。その後は結局、やっぱり強制収用しかなかわけですよ。絶対。ここは一三世帯も残っとるとですよ。今まで日本では、最後の一世帯でも強制収用した事例は無かし、国もしきらんし、なったこと無かわけですからね。その点、私は強みと思っとるですよ。

司会者　私も聞いたことがないけれど、現に生活をしている人たちの家を壊して、そこにダムを造るという事は聞いたことないですけど、皆さんもそういうことで、自分たちがここにいれば絶対ダムはできないという、一致した強い信念があるわけですよね。

G　結果論でしょうけれど、認定がおりてからも、県側の話を聞いてると、県はすごく私たちを軽く見ていると、いとも簡単に条例違反て叩かれるんじゃないかと思われるようなことをマスコミに向かって言ったりとかするでしょ。そんなのが表れだと思う。たぶん強制測量の時もそうだったんでしょうけど、脅しをかければ、するぞと脅しをかければ、みんな話し合いに乗っていくと、今までそうでしたって言ってるじゃないですか。だからここの川原もそうですって、だから事業認定申請をしますっていう風な、話し合いっていうのはでしょ。だから、すごくここの住民を簡単に思ってるんだなと。なびくと、脅しをかければなびきますよって、簡単に思ってるんだなと思いましたね。

A　その脅しっていうとが、今ならこれだけ高く補償しますよって、もう一時《いっとき》したら補償も七割ぐらいに下がりますとか。所得控除も五〇〇〇万円が半年でなくなりますとかって。そういう風な脅しをかけて来らして、我々はいくら安く見積もられてもタダでも何も関係なかとですけども、普通聞いた人はそんなら今のうちに交渉しようかなっていう気持ちになるですたいね。そこを向こうは言うわけですたい、脅し的に。こっちはそんなあんたがいくら評価しようが、下がることについて、また誰がその話し合いをするですかね。普通ならですよ。今一〇〇%にしとっとを今度七〇%の段階で、そんなら話し合いをしようかってだんだん下がっていったら、なおさらせんでしょうからですね。上がっていくとなら別やろうけど。それが脅しでしょうけど。

G　『水のわ』はダム事務所の広報誌ですが、事業認定の認定がおりる前に、『水のわ』でそういうのが来ましたもんね。これが認定がおりると三割くらい、もう一回評価をやり直しをしなくちゃいけないので、三割くらい下がりますっていう風な。『水のわ』でね。

F それを一軒一軒持ってきてね。

A それだけ作りよっと。他何もせんで。十何人職員はおって、それだけ発行しようすもん。他にすることなかもんだから。

自然が育てる人の心

司会者 今Gさんが、県の職員が私たちを軽く見ていると言われたけれど、私もそう思うんだけれど、一般的にそうだと思うんですね。もう何十年も公共事業の計画があって、全然進まなくて、合法的に収用できるような体制に持っていかれて、もう諦めて出て行く人たちが、今までほとんどだったわけじゃないですか。だから、きっと川原も同じようになるだろうって思うんだろうなって思うのね。それが普通っていう言い方はおかしいけれども、今までの歴史を見てくるとほとんどそうなっていた。そこが川原だけが違うのはなぜなのかっていうのが、私もすごく疑問だし、日本中の方がそう思ってると思うんです。

F もう人間性よ。もう仲が良かっとって、皆仲良かとですよ。ものすごく。それがね、一番住み心地の良かとですよ。人のつながり、これがやっぱり最高に素晴らしかですね。

B よそのほとんどの例が、過疎地になると将来が心配だということで早いうちに決着を付けた所が多いんですよね。しかしここは駅からも五キロ、普通に通勤圏内なんですよね。そういうことも含めて、将来にここで生活が十分やっていけるわけです。過疎化ってこともあり得ないわけですよね。過疎化というのがどういうのを過疎化っていうのかわかりませんが、町から遠いとかなんとかじゃなくて町の一部ですからね。ここ自体がね。生活に不便がないということですね。

G　そうしてやっぱり住み心地がいいわけですね。

B　自然が豊かだし。

F　自由がいっぱいですよ、ここ。

G　ケンカしても隣には聞こえんし。

F　人間って束縛されるのが一番いやですよね。私たちには、生活するのに自由がたくさんあるんですよ。好きに暮らせる。お金もほどほどみんな持っている。生活に困ってないですもんね。豊かな生活をしています。金銭面でも精神面でも。

石木川とネコヤナギ

G　精神面でも。

B　金銭面はどうかわからんけど。

F　金銭はこんだけ持っとけばまああじゃない。いっぱいじゃなかさ。明日も明後日も食べられるぐらいあるけんさ。

G　お金は持ってたらさ、いやらしくなるとよね。

F　みんな畑も有り、豊かですよ。

A　自給自足ですよ。

F　車もみんな一人一台ずつ持ってるし駐車場もあるし、豊かですよ。

A　夜も、物音も一切せんですたい。静かに休むですたい。車の音もほとんど聞こえることもなかしね。
G　夏は蛙の声がやかましい。
A　それは蛙の声はあるじゃろうけん、夏だから。
G　その自然のあれですね。
A　春にはウグイスの声も聞こえるじゃろう。早う起きろって。
G　仏法僧の鳴く季節ねとかね。ウグイスが初めて鳴いたとかね。今モズが来てるとかね。
H　そういうのってお金に全く換算できないですよね。
A　そりゃ金に換えられん。
G　ツバメが来たとかね。
H　いくら積まれても、それとこれは違う、一緒にできないでしょというか。
A　それは変えられん。
E　逆に言うと自分たち若い世代から見ると、やはり先輩方お父さんお母さん方の同世代の方が、若い時にそういう変化に気づかれて、闘ってきた自信があると思うんですよ。まだ勝ってはいませんけれども、その闘いの中で自信を付けられてきて、私たちもそこに参加をしていって、だからやっぱり私たちも残っていくっていう風な、いま皆さん言われているその繋がりというのが生きているっていうかですね。だから自分たちもここに住みたい、ここに残りたいと思える。子供たちのためにも残してやりたいという風に思うのが、一番なのかなと。やはり闘ってこられたものがありますので、その自信に皆さんみなぎっていると思うんですよ。そういう自信が私たちも引き付けるし、私たちも自信を持っていかなければいけないという思いがありますね。

G　今自信ということをあげられたんですけれども、この間ある方から「石木ダムが絶対できないというのは、根拠のない自信だ」って言われたって言うんですよ。

H　お金ばちらつかせたらみんなそっちになびくと思うけんが、「根拠のない自信でしょ」って思わすとよね。私達からすれば、そがんお金を積まれたって全然比べられんし、引き替えにお金ばたくさん手にしたけんがって、幸せになれるんですかね。そういうのがもう判ってるけんが、絶対立ち退かないって思うんだけど、その感覚が都会の人達ってないんだろうなって。

F　なかよ。ここに住んでみらんば判らんもん。

G　ここに住んでるからこそ判る。

F　人には判らないと思いますよ。

H　価値観が違うんだと思う。

D　一生懸命反対したけれども無理はしとらんと思うんですよね。

G　それはありますね。

D　負担にならんて言いますかね。そいけん、よく報道関係の人に「強硬に石木ダムに反対している川原住民一三」て言われますが、強硬に反対しているわけじゃなかよって。ごく自然に反対しているだけよって、そがん悪者のごと書かんでくださいよって、私は報道関係の人に言うたことがあっとですよね。それと、もう肩肘張ってこうしたところのなかけんが、こんちくしょう、

石木川と川原橋

取るなら取ってみろというくらいまで、腹の座ってしまうっていうか、そいけんと思うとですたいね。ただ、とにかく普通の生活をしたい。子供もそれをずっと思っているってことを伝えていきたい。無理せずにすることが繋がってもいくし、それをこっちは判ってもらいたかとですよ。ただ毎日毎日の生活をするためにと、そこが根拠のないってなるのかもしれませんが。

H 穏やかな生活をしている方が長い。そっちの方が長くて、ワァッてやってる時がカメラ回ってるから、どうしてもそっちがピックアップされて、そういうおどろおどろしいことをしている住民たちっていうみたいに思われるのかなって。

司会者 皆さんの自信満々の思いを聞かせていただいて、外から、私たちからすると羨ましい限りですよね。本当に。

看板作成も団結力のひとつ

司会者 あちこちに看板があるじゃないですか。ただ絶対反対とかだけじゃなくて、例えば「売って泣くより笑って団結。WE LOVE川原」とかすごいコピーだと思うんだけども、ああいうのは誰が考えるんですか。

F 男たちがみんなで飲みながら。

D 「水の底より今のふるさと」。

C　全部手作りですので、作る時にみんなでアイデアを出して、その中から選んで書くんですよ。

司会者　ほとんど男性陣が出すんですか。

C　看板は全て男性です。

司会者　書いたり立てたりするのも男性ですか。

C　そうです、自分たちでします。

F　すぐ出来上がるとですよ。私たちはお昼の弁当ば作らんばねって、おにぎりばって言ったら、もうできとる、っていうぐらいすぐできる。

B　終わってから酒飲むとが楽しみだから。

A　共同作業がね、一番面白いし団結するですたい。それぞれ技術者がいるからできるんですよ。なんでもやるんですよ。

司会者　皆さんの闘いの歴史が、改めてわかったというか伝わってきました。まだまだ私なんか知らないことばかりなんだけれども、本当にこの地域のお人柄、皆さん明るくて前向きで、絶対ダムはできんなと思いました。これからも一緒に頑張っていきたいと思います。

全員　どうぞよろしくお願いします。ありがとうございました。

第五章　石木ダム建設反対運動の到達点と展望

佐世保市議会議員　山下千秋

二〇一三年九月六日は、半世紀に及ぶ石木ダム建設反対運動にとって、歴史的にも大きな節目の日となりました。長崎県が行っていた石木ダム建設用地の強制収用に道をひらく「事業認定申請」に対し、認定庁国交省九州地方整備局が「事業認定告示」を行ったからです。

1　「強制収用しない」という公約投げ捨て

その日のうちに記者会見した中村法道長崎県知事は、「地権者の理解が得られなかった段階では、強制収用の選択肢もある」とあけすけに強制収用の可能性を口にしました。四年前の県知事選挙では、「強制収用しない」と公約していたのにです。

事業認定申請の撤回を強く求める県議会質問にも、また反対地権者や支援市民団体の求めに対しても、「事業認定申請は強制収用が目的ではなく、あくまで話し合いを促進させるためのものだ」と言って、頑として撤回を拒んできました。それだけに、中村県知事のこの公約違反は厳しく批判されなくてはなりません。

一方、半世紀にわたって、それこそ久保県政、高田県政、金子県政、中村県政の歴代四県政を向こうに回し、いささかもぶれることなく反対運動をつらぬいてきた石木ダム建設絶対反対同盟の岩下和雄さんは、「事業認定告示があっても、私たちの生活は何も変わりません。ここに住み続けるだけです」ときっぱりとした見解を表明しました。世代を超えて闘い抜いている歴史的事実に裏付けられた当事者の発言だけに、たいへん重いものがありました。テレビニュースに映し出されるその映像と音声は、多くの視聴者に大きな感銘を与えるものでした。それは、土地収用法という伝家の宝刀を振りかざす権力の脅しにも何ら屈服しない堂々たる意思表示だったからです。

同時にそれは、「もはや、反対地権者の理解を得ることは絶望的だ」という宣告に等しいものでした。それでも石木ダムを建設するということは、反対地権者の家・土地の強制収用しかありません。「流血の覚悟」を要する選択肢です。

その選択の期限は二〇一四年九月五日です。長崎県がこの日までに長崎県土地収用委員会に対して収用裁決申請を出さないと、事業認定は無効になるからです。この期限が刻々と迫ってきます。計画の白紙撤回か、「流血の事態」か、収用裁決申請か断念か、県民世論の多数をどちらが確保するのか、いよいよ闘いは正念場を迎えました。

起業者（長崎県と佐世保市）は、事業認定告示で鬼の首をとったと言わんばかりのはしゃぎようです。さっそく「長年石木ダムをめぐる賛成・反対の論争に決着がついた。中立で第三者の国が公共性、公益性があると認めた」とコメントし、佐世保市全世帯に告示内容をパンフにして配布するという手の込みようです。さらに、県の幹部は、「告示は重い。これで地権者と地縁・血縁も含めた交渉を精力的に行う」などと新聞社のインタビューで言明しています。こうした起業者ら（長崎県と佐世保市）の態度は、幾重にも県民を欺くものです。

第一に、国は形式的には中立、第三者という関係かもしれません。しかし、石木ダム建設を進めたいという点では、むしろ政府は、起業者以上の熱意で旗を振ってきました。長崎県の土木部長は、ずっと政府（旧建設省、現国交省）からの出向者で占められています。アベノミクス第二の矢、公共工事への湯水のような財政出動の中に、しっかりと石木ダム建設は位置づけられています。

第二に、事業認定申請の取り扱いでも、公聴会でも、それ以後の県民意見の取り扱いでも圧倒的に反対意見が多かったにもかかわらず、事業認定庁九州地方整備局はそれらの意見は採用せず、起業者側の意見だけを鵜呑みにして下した結論になっています。

第三の問題は、告示を錦の御旗に地権者と交渉すると言っていますが、全く信用されていないなかで、会うことすらも拒否され続けているのにどうして交渉できるでしょうか。自ら会えないものだから、血縁・地縁を通じた交渉などと言い出しました。およそ信じがたいことです。

一三世帯六〇人の血縁・地縁を調べ上げ、交渉を託すというのです。新たな人間関係の亀裂を持ち込み、村八分みたいな攻撃をかけるというのです。彼らの態度には基本的人権の尊重など全く感じることはできません。さらにこの作業には、個人情報保護条例違反が伴います。人間の尊厳など踏み倒し、法令違反など眼中にないという傲慢な態度です。権力による犯罪行為そのものでもあります。

2　燦然《さんぜん》と輝く、反対地権者の大義と道理

大義と道理は、ダム建設反対の側にあります。石木ダム建設絶対反対同盟の一三世帯六〇人の方々の主張は、生まれ育ったこの美しい故郷に住み続けたいだけなのだ、温かい隣人愛にあふれた絆を大切にしてゆきたい、そしてこの故郷を子供や孫たちに継承させてゆきたいだけなのだというものです。この強い思いから、理不尽な権力の札束攻勢、機動隊導入の強制測量にも屈服することなく、五〇年の長きにわたって反対の立場を貫いてきました。そこには憲法で保障された人権を守りぬく、そのためには金力にも暴力にも負けず信念を曲げない人間の生き方としても、多くの共感と賛同を広げてきました。

一方推進派の不道徳なこと、目に余ることばかりでした。なおその不実さは深まるばかりです。佐世保市民の世論の支持をつなぎとめようと、水不足を過大な水需要予測と水源能力の過小評価によって、しかも系統的に大量に宣伝を繰り返すことを行ってきました。誤った情報操作による世論形成の実行は権力的犯罪です。地権者に対しては仲の良かった地域に分断と対立を持ち込み、人間関係を打ち壊してきました。

積極推進住民の皆さんにも考えてもらいたいことがあります。国民・県民・佐世保市民の貴重な税金による「協力感謝金の支給」を迫るなどの態度は座視できません。

2013年(平成25年)4月27日 土曜日 (22)

石木ダム

ふるさと総合

協力金 給付手続き開始

県などの基金 元地権者らに3.5億円

協力間謝金の給付を伝える新聞記事（2013年4月27日）

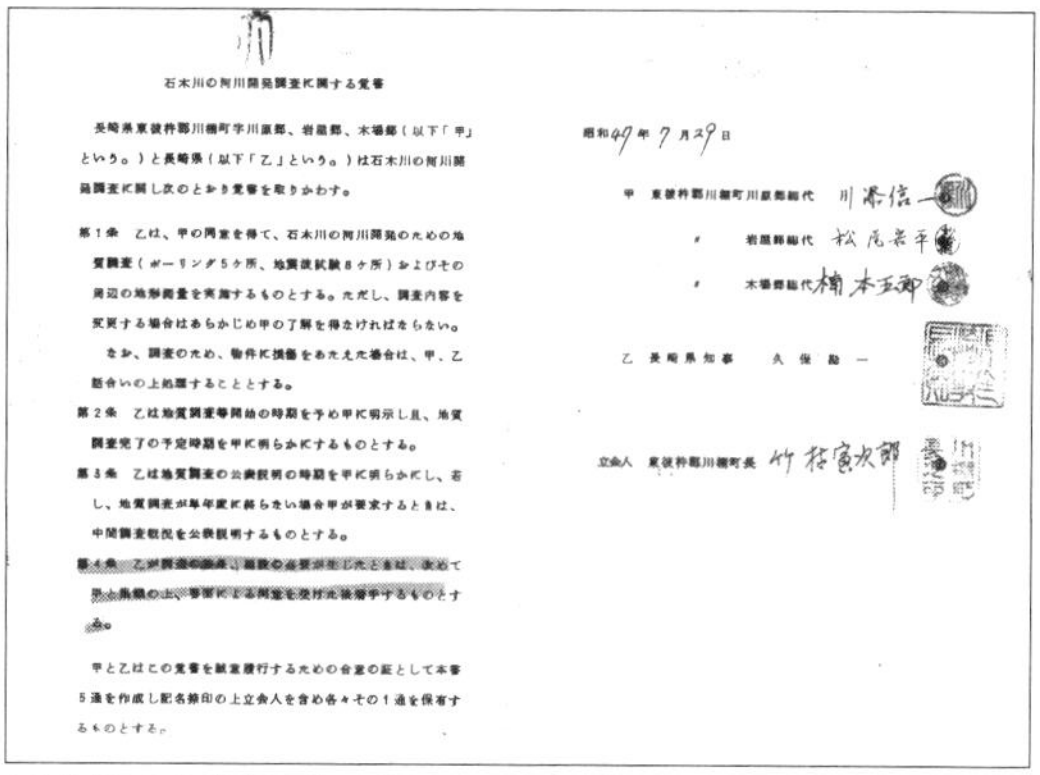
石木川の河川開発調査に関する覚書

長崎県東彼杵郡川棚町字川原郷、岩屋郷、木場郷（以下「甲」という。）と長崎県（以下「乙」という。）は石木川の河川開発調査に関し次のとおり覚書を取りかわす。

第1条　乙は、甲の同意を得て、石木川の河川開発のための地質調査（ボーリング5ヶ所、地質弾性波試験8ヶ所）およびその周辺の地形測量を実施するものとする。ただし、調査内容を変更する場合はあらかじめ甲の了解を得なければならない。
なお、調査のため、物件に損傷をあたえた場合は、甲、乙話合いの上処理することとする。

第2条　乙は地質調査等開始の時期を予め甲に明示し且、地質調査完了の予定時期を甲に明らかにするものとする。

第3条　乙は地質調査の公開説明の時期を甲に明らかにし、若し、地質調査が単年度に終らない場合甲が要求するときは、中間調査概況を公開説明するものとする。

第4条　乙が調査の結果、建設の必要が生じたときは、改めて甲と協議の上、書面による同意を受けた後着手するものとする。

甲と乙はこの覚書を誠意履行するための合意の証として本書5通を作成し記名捺印の上立会人を含め各々その1通を保有するものとする。

昭和47年7月29日

甲　東彼杵郡川棚町川原郷総代　川原信一

〃　岩屋郷総代　松尾岩平

〃　木場郷総代　楠本玉郎

乙　長崎県知事　久保勘一

立会人　東彼杵郡川棚町長　竹村寅次郎

石木川の河川調査に関する覚書（1972年7月29日）

議論を呼ぶのは必至「協力感謝金」

一九七二年七月二九日に取り交わされた覚書（以下覚書）では、「地元関係者の完全な理解が成立して、ダム建設が行われることになった場合は」「生活環境の整備等に万全の便宜供与を行う」となっています。そのために長崎県は水源地域対策特別措置法に基づいて、「財団法人石木ダム地域振興対策基金」を設立しました。しかし、国の制度改革によって、今後基金から個人助成ができなくなるために、基金を解散することにしました。しかし、覚書にある支払要件（①住民の完全な理解が成立した時、②ダム建設着工が始まった時）を満たしていないのに、基金から「協力感謝金」を支払ってしまいました。

その理由として一九七九年当時の久保知事が、感謝金の支払いを約束していたからだとしています。その基金は長崎県が五億円、佐世保市が五億円、川棚町が六〇〇〇万円出したものです。このような場合、どのような財政処理するのか合理的な誰もが納得のできる適切な解決策が図られるべきでしょう。また、この間の収支報告も含めた全面的な情報公開は不可避的課題になっています。

3　国交省は事業認定すべきでなかった

国交省は事業認定（利水部分）にあたって三つの理由をあげています。いずれも不当なものです。まず第一に、一日最大給水量に対して安定水利権が不足しており、不安定水源に依存している。今後は生活用原単位回復、観光客数の増加、大口企業への対応などから更なる不足が予測され、新規水源開発によって安定的な水道の供給が図られる。と述べています。実際はどうでしょうか。一日平均給水量は七万四〇〇〇トン以下です。安定水利権は九万八〇〇〇トンです。たっぷりと余裕があります。更なる不足要因も起業者の言い分を丸呑みしたものでまったく根拠がありません。

第二に、石木ダム以外の代替検討策に、合理的正当な水利権の転用など全く考慮していません。長崎県が管理する二級河川佐々川には、日量遊休水利権がかんがい用水二万三二〇〇トン、汽かん用水四七〇〇トンもあるのです。本当に佐世保市の水不足を心配するのなら、水利権の転用だけで直ちに問題解決します。

第三に、市民の会からの強い早期完成の要望があるからと述べています。そもそも、市民の会なるもの、佐世保市がでっち上げた偽装市民団体です。運営資金もまるごと公金です。事務所も本庁舎にあります。事務もまた市職員が担っています。強い市民の願いを示すものとして、約二三〇〇人の総決起集会を開きました。市職員を通常業務をやめさせてまで各職場から二割動員してのそれこそ「やらせ」集会がその実態です。

事業認定の不当さはさらにあります。二〇一二年国交省が事業継続を決定しました。その際、国交省は、起業者に地元の理解を得る努力を行うことという付帯意見を付けました。したがって、その努力がなされたのか、その結果理解を得られたのかが検証されなくてはなりません。理解を得られるどころか、会うこともできない関係にあります。どうして事業認定できるでしょうか。

さらに、事業認定するときは、得られる利益、逆に失われる利益を評価しなくてはなりません。失われる最大最高のものは、一三世帯六〇人の生活が奪われることなのに、事業認定理由には一言の言及もありません。

また、土地収用法の運用にあたっては、認定することによって激しい反対運動など社会的混乱が予見されるときは、認定しないことこそが合理的で正当な判断というべきでしょう。

国交省が事業認定した結果、収用裁決申請、明け渡し請求、代執行が明瞭に予見され、それこそ「流血の事態」をもたらすことになります。かかってその要因の一翼をになった国交省の責任は免れるものではありません。

「何が何でもダム建設ありき」の起業者（長崎県）

「何が何でも石木ダム建設ありき」という長崎県の責任は、どんなに厳しく追及されても、追及し過ぎということにはならないだろうと言われるほどひどいものでした。

桟《かけはし》熊獅《くまし》元佐世保市長の証言は生々しいものです。

「自分たち（佐世保市）は、石木ダム以外の水源対策をいろいろと検討した、しかし、そのたび

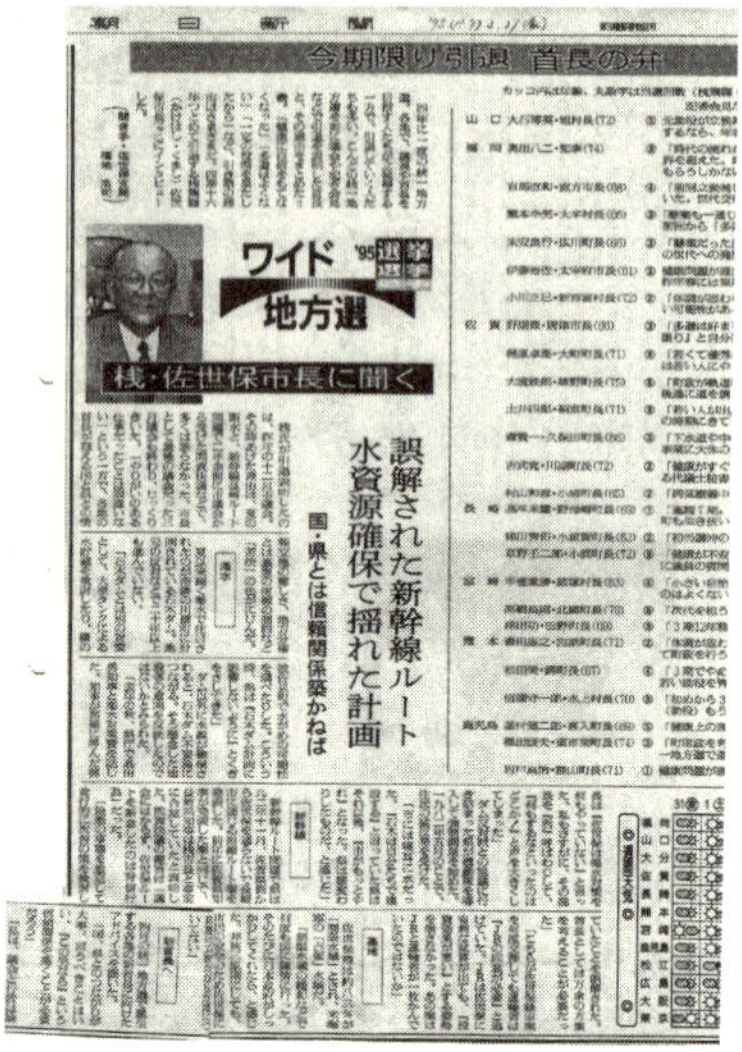
朝日新聞

今期限り引退 首長の弁

ワイド '95地方選

桟・佐世保市長に聞く

誤解された新幹線ルート
水資源確保で揺れた計画
国・県とは信頼関係築かねば

桟熊獅佐世保市長（当時）へのインタビュー記事（1995年3月31日、朝日新聞）

に長崎県から、石木ダム建設不要論につながるからとストップがかかった」というのです。さらに同氏は「その時に一つでも実現していたら、あの平成六年、七年の大渇水の時、あれほどの被害にはならなかっただろう」と悔やんでおられます。

この証言は、反対同盟の岩下和雄さんへの退任あいさつの時にも、また、朝日新聞のインタビュー記事の中でも、また大渇水被害の財源対策議論の中でも佐世保市議会答弁の中でも言及しています。

さらに、佐世保の隣の西海市にあるダイヤソルト製塩工場が、「塩を取った後の海水（塩分濃度が約三〇％低くなっている）を毎日八万トンから一〇万トン捨てているが、無償で提供したい。製塩工場内には発電施設もあり、淡水化に使用する電力を低価格で供給する。広大な用地もありこれまた便宜を図る」などの誠にありがたい申し出があったのに、長崎県は「余計なお節介をするな」と言わんばかりの形相で申し出を断りました。

長崎県が懸念していたことは佐世保市民の水不足ではなく、石木ダム建設計画こそが最大の関心事であったということが、浮き彫りになるエピソードです。

下の原ダムのかさ上げ工事を行い、有効貯水量は八六万三〇〇〇トンも増量になりました。しかし、取水量の増量は一日に三〇〇〇トンしか認めませんでした。しかも、他のダムは土砂堆積などによって、取水できる量が一日合計三〇〇〇トン減っているとして、結局プラスマイナスゼロとしました。安定水源は全体として日量七万七〇〇〇トンしかない、水需要量は一一万七〇〇〇トンだから、やはり日量四万トンの新規水源対策（石木ダム）は必要というインチキ手法をここでも貫いたのです。

治水目的にも役立たない、佐世保の利水目的にも不要なもの。全く不必要な石木ダム建設を進めるために、一三世帯六〇人の基本的人権が踏みにじられることは、絶対に許してはなりません。「全員の合意が得られるまでは着工しない」としている、先に紹介した一九七二年の覚書は重大な意味を持ってきました。ここには、「あくまで地元民の理解の上に作業がすすめられることを基調とするものであるから、若し長崎県が覚書の精神に反し独断専行或いは強制執行等の行為に出た場合は乙は総力をあげて反対し作業を阻止する行動をとることを約束する」とまで確認されています。

つまり、長崎県は強制執行などやったら、阻止行動を甘んじて受けることをすでに承認しているのです。裏読みすれば、長崎県は決して独断専行も強制執行もしませんと約束していることと同義です。

4　画期的な反対運動弁護団の結成集会

反対運動の弁護団が二〇一三年一二月五日に結成され、現地で結団式が行われました。水没予定地の公民館で開かれた集会には、ダム建設に反対する地権者ら五〇人あまりが参加、弁護団一〇人のうち九人の弁護士が出席しました。石木ダムをめぐっては、二〇一三年九月、地元住民の根強い反対運動により四〇年近く着工できない状態が続いていますが、土地収用法を適用する事業として認定されたことから、長崎県が反対地権者の土地を強制収用することも可能な状態となっています。

このため、住民らは裁判闘争も視野に入れて反対運動を続けようと弁護団の結成に踏み切ったものです。まずは訴訟するまでもなく、長崎県に石木ダムを断念させよう、そのためには知事に公開討論会開催を求めようということになりました。中村知事に公開質問状を提出し、公の場で改めて石木ダムの必要性について論議する方針です。

参加者に確信与えた馬奈木昭雄弁護士のアドバイス

馬奈木弁護士は、「石木ダムの被害者は誰か。建設予定地に住む皆さんはもちろんだが、それだけではない。石木ダムを造らなかったら、そのお金は他のことに使える。国保税を安くしてもらいたい、子供の保育所を増やしてもらいたい、医療費の助成とか、しかしその要求をすれば必ず財政がないという。こうした県民が必要としているお金が無駄なダム事業に使われていると考えれば被害者は県民全部だ。こうした視点に立って費用対効果を考えなければならない」と言います。さらに、「諫干では水を浄化するために毎年三〇億円もつぎ込んでいる」とのことでした。ほんとうに大きなムダ金です。

2013年（平成25年）10月19日　土曜日　総　合　（2）　長崎新聞

論　説

（2013・10・19）

石木ダム事業認定

切実度理解しにくい状況

　県と佐世保市が東彼川棚町に計画する石木ダム建設事業で、国土交通省九州地方整備局が、土地収用法に基づく事業認定を告示した。事業認定は、建設に一部地権者の強硬な反対があるため県と同市が申請した。今回の事業認定で予定地の収用が可能になったが、反対派は不服審査を請求。1975年の事業採択から38年。あまりに長い公共事業計画は、今も手続きの途上にある。

　同計画は治水と利水を目的とし総貯水量548万トン、総事業費約285億円。2016年度完成を目指すが、川棚町岩屋郷の予定地に住む13世帯が売却を拒否。その地権者でつくる石木ダム建設絶対反対同盟は県との交渉に応じず、膠着（こうちゃく）が続く。市民団体の水源開発問題全国連絡会によれば、全国のダム計画で、予定地で暮らす住民が反対を続ける例は、絶対反対同盟が唯一。数十年反対を貫く人たちが現に生活を営んでいる事実は重い。

　近年を振り返れば、前の民主党政権が打ち出した脱ダム政策に伴い、石木ダムなど国庫補助ダムの事業主体もそれぞれの事業の再検証に迫られたが、県などは「コスト面などで現行ダム案が代替案より優位」として事業継続を求め、国もこれを認めた。さらに、佐世保市による事業再評価でも今年、「継続が妥当」との結論が出た。

　しかし、これに先立つ10年、県がダム建設に伴う付け替え道路の工事に着手したことに、絶対反対同盟が反発し、工事は休止中。事業再検証で了承を受けた際は、国から「地域の理解獲得」への努力を求められ、県は条件を付されたに近い格好だ。さらに、佐世保市の事業再評価で示された24年度までの水需要予測が、工場用水などの伸びを想定して増大するとされているのも分かりにくい。

　同市にとって安定的な水源の確保は長年の課題。当局が市民生活を第一に考え、抜本対策を講じようとするのは当然だろう。ただ、同市の給水量は年々下降し、そこには市民全体による節水の成果も含まれる。使用量減少は歓迎すべき傾向で、減らす努力をより強めるのも当局の役目だろう。加えて、人口減と地域経済の低迷という県民誰もが実感する現実にあってなお、今後も工場用水など水需要の増大を想定する行政の説明を疑問視する声があるのは、自然な反応と言うしかない。これらの点で石木ダム計画は、切実度が県民に理解されにくい状況が強まっているように思える。

　経済対策としての効果が疑われ、財政悪化の要因として削減一辺倒にさらされた公共事業は、安倍政権下で「国土強靱化」という看板を得て復権した感がある。その代わり、被災地復興に代表される通り、国民に理解される「説得力」が求められる時代になった。説得力を持つ事業であるには、手順も重要だ。順法でも説得力を欠く経過や強引な手法があれば、事業の命脈にかかわる。強制収用など論外だろう。（森永玲）

石木ダム事業認定に関する長崎新聞の論説（2013年10月19日）

この視点は、佐世保市民にとっても重大です。石木ダム事業では、ダム本体事業費だけでなく浄水施設など関連事業費を含めると、佐世保市の負担は約二九八億円に上るのです。

国保税一世帯一万円安くさせるためには四億円です。子供の医療費無料化を中学生まで拡充してもあと三億円あればよいのです。これらは、佐世保市民の切実な願いです。阻んでいるのは財政難というカベです。不必要な石木ダム建設を止めれば市民の願い実現の展望を開くことができるのです。

馬奈木弁護士が言われるように、佐世保市民も県民も国民も被害者なのです。石木ダム建設反対の闘いは、住民の基本的人権を守る闘い、佐世保市民の暮らしを守る闘いでもあります。無駄な公共事業拡大で税金の無駄使いを止めさせる闘いは、消費税増税を止めさせる闘いにもつながります。五〇年に及ぶ石木住民の闘いが、広範な人びとをつなげてきたと言っても過言ではないでしょう。

長崎新聞が、その社説で「強制収用など論外」ときびしく批判しましたが、地域社会の世論を代表するものといえます。

強制収用許すな、石木ダム建設は白紙撤回せよ、佐世保市民の中での世論と運動を強めれば、必ず闘いは勝利できるでしょう。

第六章　虚構の民意

石木川まもり隊代表　松本美智恵

1　石木ダムは市民の願い？

「石木ダム建設は佐世保市民の願い」という言葉を佐世保市内のあちこちで目にします。立て看板であったり、広告塔であったり、水道局の建物には屋上から大きな垂れ幕がぶら下がっています。また、市内を走るバスの車体にも石木ダムを願う言葉が大書され、他県から来た人を驚かせています。

なぜこのような言葉がいたるところに掲げられているのか？　本当に佐世保市民の誰もが石木ダム建設を望んでいるのであれば、わざわざ掲げる必要はないのではないだろうか……。

真の民意を知りたくて、私たちはアンケートを実施しました。

石木への私のイシキ係

●住民側は先祖伝来の土地、生まれ育った土地・家屋を明け渡すのは嫌だという気持ち。ほんとうに石木ダムが必要ならここまで反対しないと思う。初期の機動隊投入がネックだろう。意地になっている部分もあると思う。官公側は今まで投入した資金がムダになるということへのバッシングを恐れているのか意地になっているのだろう。このままでは百年待っても解決しないと思います。仮に同意が取れても膨大な資金を要する建設には反対です。（A・A）

●今年3月に川棚で意見交換会がありましたが、ダムの専門家が市水道局の職員さんに漏水修理の件で「福岡や長崎でできたことがなぜ佐世保でできないのか？わからないなら習ってきたらどうか？」と言われたのですが、職員さんは「これからやります」という返事でした。驚きました。漏水が1万トンもあって、それを直さないで石木ダムから4万トンほしいとかって、どう考えても直すのが先だし、もう何年も経っているのに、まだ佐世保だけ修理が進んでないなんて！　一体何にお金を使っているのでしょうか？（まるちゃん）

現在のアンケート結果

Q１水不足を感じていますか？
①感じている…6票
②感じていない…48票

Q2ダムは必要？
①必要だと思う…4票
②必要だと思わない…47票
③分からない…3票

※引き続きアンケート受付中です。

ライフの記事

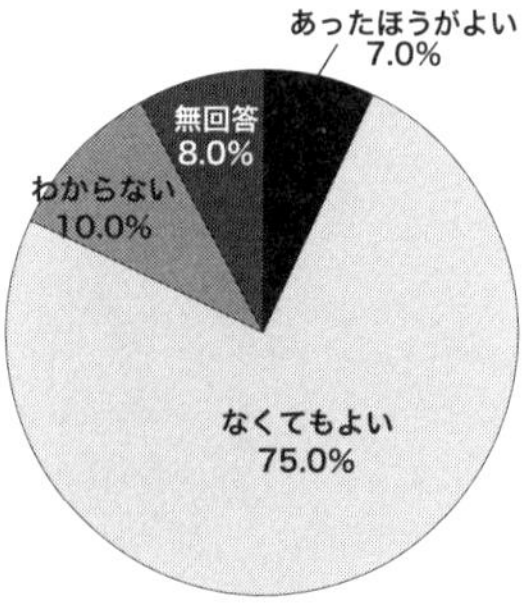

「石木ダムはあったほうがよいですか？」（2009年12月）

2　市民アンケートの結果

●二〇〇九年一二月、実施者「石木川まもり隊」、回答者一一三人

「石木ダムはあったほうがよいですか？」の問いに対し、予想以上に多かった不要論。実はこの回答者の七割がシンポジウム「佐世保の水これから」を聴きに来た市民でした。佐世保市全体の民意とは異なっているかもしれませんが、少なくとも、水問題への関心の高い市民の多くは石木ダムを望んでいないことがわかりました。

●二〇一一年一〇月〜一二月、実施者『ライフさせぼ』（週刊生活情報誌）誌上アンケート、約二ヶ月間で回答者五四人

不要と思う市民の割合は前述のアンケートよりもさらに高く、八七％にも達しました。しかしこれも石木ダム問題に強い関心を持つ市民がハガキやメールで回答した結果なので、佐世保市民全体の思いとは言えないでしょう。企画したライフの編集長は、その結果よりも寄せられた回答の少なさに驚いていました。「こんなに読者の反応が少なかったケースは初めて……」と。市長も市議会も「石木ダムは市の最重要課題」として国に何度も陳情していますが、市民の大多数は無関心。それが実態でした。

●二〇一二年八月、実施者「石木川まもり隊」、回答者九六人

今度こそ一般市民の民意を知ろうと、商店が立ち並ぶアーケード街で通行人「一〇〇人にききました」を実施しました（有効回答数九六）。

「あなた自身は水不足で困っていますか？」との問いに九四％が「いいえ」と答えています（円グラフ①）が、一方で「佐世保は水不足」だと思う市民は三割以上に達しています（円グラフ②）。それはおそらく市水道局による水不足キャンペーンが功を奏している証だと思われますが、それでも、半数以上の市民が不要と答えている（円グラフ③）結果には重いものがあるでしょう。

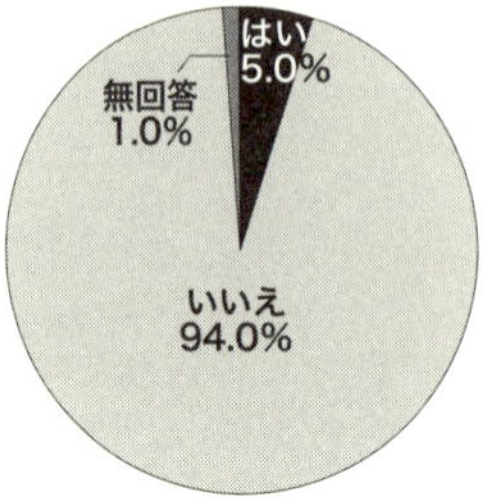

①「あなた自身は水不足で困っていますか？」

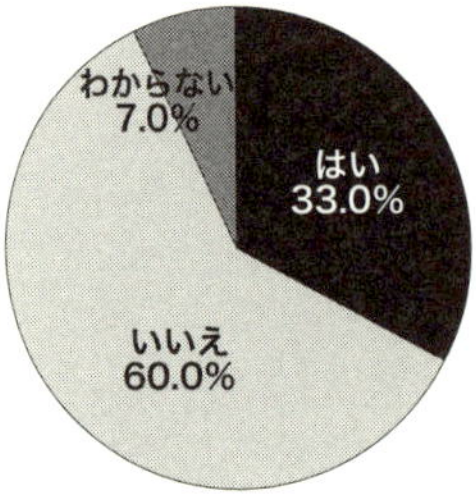

②「佐世保市は慢性的な水不足だと思いますか？」

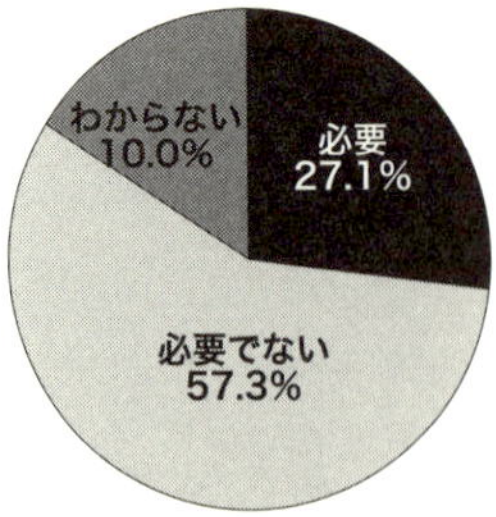

③「石木ダムは必要ですか？」

3　「石木ダム建設促進佐世保市民の会」の実態

事業認定庁である九州地方整備局は、石木ダム事業の認定理由の中で「石木ダム建設促進佐世保市民の会等から本件事業の早期完成に関する強い要望がある」と記述しています。認定庁の判断材料の一つともなった同会の要望が本当に市民の声なのかどうか？　それを考えるためには、まずこの会の実態を知ることが必要です。

同会は一九八九年に設立され現在に至っていますが、その事務局は以前は市水道局内に、二〇〇七年度以降は市役所の市長部局に置かれています。活動としては、同会の名前で市内各所に「石木ダム建設は市民の願い」の看板を設置したり、バスの車体広告を出したり、県や国への陳情など。その費用のすべては、市からの補助金（以前は年一五〇万円、現在は一〇〇万円）、つ

2009.1.28 長崎新聞

石木ダム建設

促進訴え2300人集会

佐世保市と市民の会主催

市職員〝業務〟参加

【佐世保】石木ダム建設促進佐世保市民の会（三宅禎太郎会長）と佐世保市は27日、三浦町のアルカスＳＡＳＥＢＯで「市民総決起大集会」を開き、2000人の目標を上回る約2300人（主催者発表）が参加した。朝長市長は来賓の金子知事に「胸を張って（ダム事業の）工程表どおり進めてほしいとお願いできる。定例県議会に予算計上を」と訴えた。

約2300人が集まった石木ダム建設促進佐世保市民総決起大集会＝アルカスＳＡＳＥＢＯ

参加者のうち約三百九十人は市職員で、業務応援として駆け付けた。職員の一人は「ダム事業は市の事業なので、参加するのは当然」と話した。

知事は「一刻も早くダムを完成させたいという皆さんの気持ちをあらためて感じた」とあいさつした。県は昨年七月に発表した工程案で完成目標を二〇一六年度と設定。新年度は道路付け替え事業などに着手する計画で、道路設計費を予算案に計上する方針。

三宅会長は「（反対）地

1/28

まり市民の税金で賄われています。石木ダムに反対している市民の税金も使われているのです。

また、二〇〇九年一月、同会と佐世保市は「石木ダム建設促進佐世保市民総決起大集会」を開催しましたが、集まったのはほとんど同会加盟二九団体からの動員によるもの。それだけでなく、なんと市の職員も勤務時間中に約四〇〇人動員されました。これで「市民集会」などと言えるのでしょうか。

市はどうしても市民が石木ダムを熱望しているように見せかけたいようです。そのための役割を担っているのが「石木ダム建設促進佐世保市民の会」であり、とても市民団体と呼べるものではありません。しかし県や国は、同会の意見だけを佐世保市民の声として取り上げています。たいへんおかしなことだと思います。

4　佐世保市民の本音

このように、「石木ダム建設は佐世保市民の願い」が本当の民意でないことは明らかです。あえて言うなら「石木ダム建設は一部の佐世保市民の願い」とすれば正しいかもしれません。では多くの市民はどう思っているのでしょう。街頭で拾った声を集めてみると……

・必要か不要か二者択一と言われれば、不要のほうが多い。
・必要と答える人の多くは「あの渇水の苦労が忘れられない。二度と同じ思いはしたくない」「経済発展のためには水が必要」と言う。
・不要と答える人の多くは「今までダム無しで暮らせたのだから、人口減少のことを考えると、今さら造るのはお金の無駄」と言う。
・多くの人の本音は「わからない」か、無関心。
・それでも、そこに六〇人が暮らしていることを伝えると「その人たちを追い出してまで造ったダムの水は飲めませんね」とポツリ。

それこそが、多くの佐世保市民に共通する本音であり、真の民意だと思います。

ダム建設を本当に強く願っているのは市民ではなく長崎県や佐世保市、そして国も含めた行政側の人々です。虚構の民意を創りださねば実現できないようなダムは、地域住民にとって本当は必要のないものだということです。無駄なダム計画から一日も早く撤退してほしい。知事や佐世保市長の勇気ある決断を市民は願っています。

第七章　建設予定地に住む一三世帯の居住地を奪う石木ダム事業計画と憲法

弁護士　板井優

1　はじめに

行政が、ダムを建設するために様々な理由付けをするが、その根拠が薄弱なことが多い。熊本の球磨川、その最大支流に予定していた川辺川ダム建設事業もそうした根拠の薄弱な事業計画であった。今、川辺川ダム問題は、①ダムによらない利水事業、②ダムによらない治水事業（河川改修など）、③ダムによらない地域振興へと様相を変えている。特に、二〇一二年三月には、政府は、後に廃案とはなったが、ダム計画を立てながらダム建設が完成していない事例を前提にする「ダム中止特措法」案を国会に上程している。

この石木ダム建設事業は、起業者が長崎県・佐世保市であるが、以下に述べるようにその根拠は薄弱である。しかし、石木ダム建設問題の本質はそこにあるのではない。ここでは、水没予定地に未だに一三世帯六〇人が、残ることを決意して生活している事実である。これを強制的に収用することは日本国憲法の立場からも許されないのである。

先に述べた「ダム中止特措法」案によれば、ダム建設計画があっても長い時間かけても建設されていないダムについては、県営事業ではあっても、任意的ではあるが、ダム建設を中止して地域を振興することをうたっている。ところが、石木ダム建設計画は計画後四一年を過ぎてやっと、国土交通省の事業認定をする有様である。以上述べた立場からして、国土交通省の事業認定は直ちに自ら撤回するべきである。以下は、その理由を詳しく述べたい。

2　事業計画の概要

石木ダム事業計画とは、長崎県が大村湾に注ぐ川棚川の支流である石木川に建設しようとしているダム建設計画のことである。このダム建設予定地は、長崎県東彼杵郡川棚町岩屋郷地先である。このダム建設のため長崎県が予備調査を開始したのが、一九七二年のことで、今から四二年前である。

長崎県が考えている計画は、ここに重力式コンクリートダム（堤高五五・四ｍ、堤丁長二三四ｍ）を築き、有効貯水量五一八〇ｋ㎥（総貯水容量五四八〇ｋ㎥）の水を貯め、その目的は、①水道用水の供給、②洪水被害の軽減、③流水の正常機能維持にあるという。

二〇〇九年一一月九日、起業者である長崎県と佐世保市が国土交通大臣に事業認定申請書を出した。これは、土地収用法に基づく強制収用裁決申請をする前提の手続きである。その起業地には水没する予定の一三世帯の住居及び住居地、漁業権がある。

この目的との関係であるが、①洪水調節は貯水容量が一九五〇ｋ㎥、ダム地点で二二〇㎥／秒調節で受益予定者が一六九七人、②水道用水の供給では、佐世保市で二〇一七年度一日最大給水量一一万七三〇〇㎥／日のところ、安定水源は七万七〇〇〇㎥で不足分が四万㎥であるとする。
そして、ダムを造ると、水没予定地が三四ｈａで一三世帯六〇人が水没する予定である。

3　事業の問題点

そこで問題は、事業目的が果たして正しいのかどうかである。

①洪水調節

長崎県は、石木ダムによって治水計画の目標流量を一四〇〇㎥／秒にするとしている。しかし、近年最大の洪水は一九九〇年に起きたもので八二七㎥／秒にすぎない。しかも、この洪水がきても川棚川はあふれないのである。しかも、洪水といわれた現象は、支流の氾濫や降った雨が排水路等で流しきれずにあふれてしまう内水氾濫であり、石木ダムを造っても防ぐことが出来ない。要するに、石木ダムは必要性がないのである。

しかも、長崎県の事業計画でも、水害の受益予定者は一六九七人であり、水没予定者の二八倍に過ぎない。

②上水用水確保

佐世保市水道の需要は一九九九年度から減り続け、二〇一二年度には年間一日最大給水量が八万一〇〇〇㎥（取水量換算八万五〇〇〇㎥）になっている。にもかかわらず、佐世保市は二〇一七年度予測で、石木ダムの完成時期の二〇一七年度には年間一日最大給水量が一一万一〇〇〇㎥（取水量換算一一万七〇〇〇㎥）になるとの予測をしている。これは、石木ダムが出来ると予定される水源四万㎥／日に、現在の安定水源七万七〇〇〇㎥／日を足した数字一一万七〇〇〇㎥／日であり、「始めにダムありき」ということで架空の予測をしたものであろう。

なお、佐世保市は安定水源が七万七〇〇〇㎥しかないとしているが、実際の安定水源は九万二〇〇〇㎥あり、現時点でも水あまり現象が起きている。

③流水の正常機能維持

川棚川は、実際には渇水時も必要な流量が流れており、石木ダムからの河川水の補給は必要がない。

以上、石木ダムを造る必要性は現実的には存在しないことが明らかである。

4　本件事業計画と憲法

①水没予定者らの多様な利益

水没予定地に住む人たちは、この地で生活していくことを望んでおり、補償と引き換えに退去することを望んでいない。しかも、石木川には多様な魚類が生息し、その周辺は鳥類の種類も多く、水没予定地には現在の時点でゲンジボタルなども生息し、毎年「川原ホタル祭り」が開催されている豊かな自然環境であり、水没するとこれらの環境も滅失し住民たちはこれを享受する利益を失ってしまう。

②土地収用法で住民らの生活を奪うことは憲法上も許されない

確かに、憲法二九条は財産権を規定する。同条三項は国民の財産を正当な補償の下に公共のために用いることが出来るとして、特別の犠牲を受忍することを国民に求めている。これについて、その上で最高裁は、土地収用法における損失補償は、その収用によって当該土地の所有者がこうむる特別の犠牲の回復を図ることを目的とするものであるから「完全な補償」をなすべきであるとしている（最大判一九七三年一〇月一八日）。すなわち、最高裁は厳しい判断をしているのである。

憲法はそこに住み続けて豊かな自然環境の利益を享受して人たるに値する平穏に生活するという意味での自由を認めており、さらに、そこで一三世帯六〇人という地域社会を形成し集団で生きることによる幸福を追求する権利をも認めている（憲法一三条、二二条、二五条）。日本国憲法のいう国民の権利は国民個人の権利として理解され、公共の福祉の範囲内下で保障されるとしている。しかし、集団として住民たちが享受しているこうした権利は単なる財産上の利益とは言えず、土地収用法で奪い去ることは日本国憲法の体系では絶対に許されるものではないと考える。

③本件事業に公共性はない

　ましてや、本件事業の目的は曖昧でかつ漠然としたものであり、土地収用法上も本件事業が公共性を有しているとは到底言えないものである。

　その意味で、石木ダム建設事業計画は、法にもかなわず、理にもかなわず、情にもかなわないものであり、起業者らは直ちに本件事業認定申立を取り下げ、住民たちに対し、長年故郷を失うように強要し続けた事実を真摯に謝罪すべきである。仮に、起業者がこうした真摯な態度を取らないのであれば、国土交通省は、事業認定処分を自ら直ちに取り消すべきである。

川原《こうばる》のうた

（語り）
皆さん、よかったら一度足を運んで下さい
僕らの住んでる川原《こうばる》に
自慢できるものは何もありませんが、こうばるがどんな
ところか、よかったら見に来てください

（歌）
春は黄色の　帯のよう
石木川に寄り添って
水辺の菜の花　どこまでも
初夏は日暮れて　帰り道
石木川のほとりでは
ふわふわホタルが飛んでます
ここは　こうばる　ホタルの里
自然を守る人が住む

ほたるの里　川原の標柱

（語り）
ここにダムができようとしています
もしダムができたら、田圃も畑も僕らの家も、そしてホタルもみんな
みんなダムの底に沈んでしまいます

（歌）
秋の棚田は　黄金色
石木川に吹く風が
野辺のコスモス揺らします
冬は風花　舞い落ちる
石木川のふるさとは
気高くそびえる　虚空蔵
ここは　こうばる　ホタルの里
ふるさとと愛する人が住む

（語り）
僕のかみさんが初めて川原にやってきたとき、ギョッとした顔をしました
田圃や畑のあちこちに「石木ダム反対！」のでっかい看板があったからです

石木川のふるさと虚空蔵山

僕はそのとき初めて知りました
こんな看板だらけの景色が普通でないってことを
僕は生れてずっとこの風景の中で育ったので、
それが異常だってことに気付かなかったのです
僕らはただ、
生まれ育ったこの土地に住み続けたいだけなんです
この大好きな自然を
僕らの子どもたちに残したいだけなんです
ダムの中止が決まったら、
僕らは看板を撤去して、そこに花を植えたいのです

（歌）
ここは　こうばる　ホタルの里
自然を守る人が住む
ここは　こうばる　ホタルの里
ふるさと愛する人が住む

コスモスと看板（売って泣くより笑って団結　WE LOVE KOBARU）

二〇〇九年三月、私は初めて石木ダム建設予定地川原《こうばる》を訪ねました。のどかな里山に不似合いな「石木ダム建設絶対反対」の看板と、小さな石木川に寄り添うように咲いていた菜の花がとても印象的でした。

再び訪れた五月末、初めて目にしたホタルの乱舞に圧倒されました。その後も訪れるたびに豊かな自然と、その恵みの中で培われてきた人々の営みや絆の深さを感じ、ここを水の底に沈めてしまってはいけないという思いに駆られるようになりました。

そして秋、一九八二年の石木ダム強制測量記録映画の上映会で、川原の青年が語った言葉が胸に深く沁みました。

「僕らはふるさとを守りたいだけなんです。ここで生まれ、ここで育ち、このかけがえのない自然を子どもたちに残したい。ただそれだけなんです」

その思いに背中を押されるように「語り」付きの詩を書き、作曲家の大西進先生が曲を書いてくださって「川原のうた」が生まれました。二〇一〇年には川原住民を中心とした「We Love こうばる合唱団」が誕生し、「日本うたごえ祭典」や川棚町文化祭に出演。二〇一三年の「やめさせよう石木ダム建設！　全国集会」でも披露され、温かい応援や共感をいただきました。

これからもこの歌が、少しでも多くの人に、川原の素晴らしさと川原に住む人々の思いを伝えてくれることを願っています。

松本美智恵

あとがきに代えて

石木ダム建設絶対反対同盟　石丸勇

一九七九年、三〇歳代前後の若者を中心に川原地区にダムからふるさとを守る会が発足しました。「このままでは丼ごとひっくり返される」との危機感から、若者を中心にダム反対運動を活発化させていきました。会は、一九八〇年三月にパンフレット「ふるさとを守ろう—水危機論のうらがわから—」を発行して理論闘争を展開していきました。その結果、石木ダム建設計画推進に危機感を強めた長崎県は、一気に反対運動をつぶそうと一九八二年五月、機動隊を導入して強制測量調査を実施しましたが、世論の反発を受けて結果的に失敗しました。

振り返りますと、私たちの闘いはいつも三〇歳代の若者が動いた時に変化が起きています。先ず初期に反対運動を理論武装した時も、県を追い詰め強制測量調査へ走らせました。次に佐世保市の利水計画を六万トン／日から四万トン／日へ引き下げさせた時も若者が動きました。そして今回事業認定を九地整が行った時も若者の力が作用しています。

それは、この地を守らなければという自然な思いから生まれてくるものです。ここには金で買えないものがあるからです。十年一昔と言いますが、半世紀になる闘いは昔々の昔話ではありません。何故半世紀も闘い続けなければならなかったのか。このブックレットを手にした人が、その一部でも判っていただければ闘ってきた意味があるというものです。

最初のパンフレット発行から三四年目となる年に、多くの方にご協力をいただいてブックレット「小さなダムの大きな闘い」を発行することができました。特に、子守唄の里・五木を育む清流川辺川を守る県民の会事務局長の土森武友さんには、座談会を始めブックレットの企画から発行まで手厚くご指導いただきました。ここに紙面を借りてお礼申し上げます。

この半世紀、私たちは行政の執拗な圧力に苦しめられてきました。それでもダム反対を生活の一部に取り込み、肩肘を張らないで明るく楽しく笑って暮らそうと努力しています。「ダムの中止が決まったら　僕らは看板を撤去して　そこに花を植えたいのです」これは若者の思いです。水没予定地区には一三世帯老人から赤ちゃんまで六〇人の暮らしがあります。今までにダム建設で人が暮らしている所を強制収用した例を知りません。必要のないダムのために、強制収用で土地や家屋を、更には生活を奪われることはあまりにも理不尽です。

私たちは訴えます。無駄な公共事業に費やされる莫大な金は皆様の税金です。この金を必要な福祉や国民の暮らしを楽にする事業に使っていただきたいと。県内の、そして全国の仲間の皆さん方の温かいご支援を心からお願いいいたします。

二〇一四年新春

参考文献

「ふるさとを守ろう―水危機論のうらがわから―」ダムからふるさとを守る会、一九八〇年三月
「長崎県川棚町石木ダム建設反対の経過と資料集」石木ダム建設絶対反対同盟・ダムからふるさとを守る会、一九八二年七月
「市民の手による石木ダムの検証結果（治水について）」石木ダム建設絶対反対同盟・ダムからふるさとを守る会、協力：今本博建（京都大学名誉教授）、水源開発問題全国連絡会（共同代表：嶋津暉之、遠藤保男）
「市民の手による石木ダムの検証結果（利水について）」石木ダム建設絶対反対同盟・ダムからふるさとを守る会、協力：今本博建（京都大学名誉教授）、水源開発問題全国連絡会（共同代表：嶋津暉之、遠藤保男）
「石木ダムの必要性に関する公述（利水と治水について）」嶋津暉之
「石木ダムのコラム。ダムのツボ」こうばるほずみ、二〇一三年一一月九日
『〈第二次改訂版〉逐条解説　土地収用法』小澤道一、ぎょうせい、二〇〇三年八月
「石木ダム建設事業の検証に係る検討　概要資料」長崎県、二〇一二年四月

石木ダム関連年表

（作成：石木ダム建設絶対反対同盟　松本好央）

年月	行政の動き	住民・市民の動き
一九六二年	長崎県は川棚町と地元に無断でダム建設を目的に現地調査・測量を行うが、町・地元の抗議により中止	
一九七一年一二月	長崎県、川棚町に石木ダム建設のための予備調査を依頼	
一九七二年七月二九日	長崎県知事と川棚町長は、予備調査にあたり、川原・岩屋・木場の三郷総代と「地元の了解無しではダムは造らない」とする覚え書きを結ぶ	
一九七四年八月		予備調査の結果「ダム建設可能」との報告を県より受ける
一九七五年	建設省がダムの全体計画を認可	旧「石木ダム建設絶対反対同盟」を結成
一九七七年	県職員、町職員による戸別訪問を開始	戸別訪問に対し「県職員面会拒否」で対応
一九七八年		「石木ダム建設絶対反対同盟」のシンボル塔「見ざる、言わざる、聞かざる」を設置
一九七九年		川原地区青年を中心に「ダムからふるさとを守る会」を結成し、ダム反対の理論闘争開始

一九八〇年三月	長崎県は川棚町役場内に石木ダム建設駐在員事務所を設置。これ以降、県職員の戸別訪問や酒食のもてなし等、反対住民の切り崩しを強化	
一九八〇年三月一〇日		同盟幹部の裏切りによって反対同盟解散
一九八〇年三月一四日		新たに「石木ダム建設絶対反対同盟」を再結成
一九八二年四月二日	長崎県は土地収用法第一一条に基づく立ち入りを公告、川棚町もこれを受理	
一九八二年四月九日	長崎県、立ち入り調査を開始するが、同盟と支援者の阻止行動により測量中止	反対同盟とその支援者は、県警機動隊に守られた測量隊を実力阻止、「激動の二か月」といわれる 子供も学校を休んで阻止行動に参加、「同盟休校」といわれた（第一次強制測量）
一九八二年五月二一日	長崎県、機動隊一四〇名を導入し、抜き打ちで強制測量開始	
一九八三年一月一七日	ダムサイト地点のボウリング調査を開始	阻止行動続く中、機動隊を導入しボウリング調査等を強行、その後波状的な阻止行動で抵抗を続ける
一九八三年一一月一日	「反対同盟の一一ヶ所の調査をせずともダム建設の資料が十分整った」として、測量調査完了	
二〇〇〇年一一月		反対同盟、建設省・大蔵省を訪れ「ダム建設計画白紙撤回」を求め陳情書を提出
二〇〇四年三月		反対同盟、佐世保市に対し「実勢に即した水需要予測の是正などを求める」要望書を提出
二〇〇四年九月二九日		佐世保市水道水源設備事業評価監視委員会に「適正な水需要予測を求める」要望書を提出
二〇〇四年九月三〇日	佐世保市、計画取水量を「一日最大取水量六万トンから四万トン」へ下方修正	
二〇〇七年二月	長崎県、計画取水量の見直しに伴い、「総貯水量一九％減の五四八万トン」に縮小	
二〇〇八年一一月一六日		川棚町民有志による「石木川の清流を守り川棚川の治水を考える町民の会」発足
二〇〇八年一一月三〇日		佐世保市民有志による「水問題を考える市民の会」発足
二〇〇九年五月三一日		清流の会、「強制収用は許さない」シンポジウムを川棚町公会堂で開催
二〇〇九年七月一日		佐世保市民有志による「石木川まもり隊」発足
二〇〇九年七月八日		反対同盟、支援者と共に県庁前で二七年ぶりの抗議行動
二〇〇九年八月三日	長崎県と佐世保市は、事業認定手続きについての説明会を川棚町で開催	
二〇〇九年一一月九日	長崎県と佐世保市は、国土交通省九州地方整備局に石木ダムの事業認定を申請	
二〇〇九年一一月二〇日		反対同盟、国交省九州地方整備局に対し「事業認定の凍結」を求める要請書を提出
二〇〇九年一二月二日	国土交通省九州地方整備局、事業認定申請書を正式に受理	
二〇一〇年三月二四日	長崎県、工事開始日公表せず、付け替え道路工事着工	
二〇一〇年三月二七日		反対同盟と支援者は、付け替え道路工事の阻止行動を開始
二〇一〇年四月二〇日		反対同盟と支援者は県庁に出向き、付け替え道路工事中止を求め申し入れ

二〇一〇年七月二三日	長崎県、付け替え道路工事中断	
二〇一〇年九月二八日	国土交通省、長崎県に対し石木ダム事業の検証に係る検討について要請	
二〇一〇年一一月五日		反対派五団体、県に対し「石木ダム検証作業に住民や有識者ら第三者を加えるよう」要望
二〇一〇年一二月一一日	第一回石木ダム検証に係る検討の場開催	
二〇一一年一月二八日	第二回石木ダム検証に係る検討の場開催	
二〇一一年四月二六日		反対同盟、国土交通省に対し「石木ダム事業への国の補助凍結と事業認定申請を認めないよう求める要望書」を提出
二〇一一年五月九日	第三回石木ダム検証に係る検討の場開催、石木ダム優位と結論	
二〇一一年六月六日	長崎県公共事業評価監視委員会、石木ダム事業の継続を認める	
二〇一一年七月二六日	長崎県、石木ダム事業再検討の結果、「事業継続」との方針を国に報告	
二〇一一年八月二〇日		長崎市民有志による「石木川の清流とホタルを守る市民の会」発足
二〇一一年一〇月二三日		佐世保市にて「本当に必要？　石木ダムいらない！　全国集会」開催
二〇一一年一〇月二四日		反対同盟など五団体、事業認定申請の撤回と建設からの撤退を求め県に申し入れ
二〇一二年六月一一日	国土交通省、石木ダムの事業継続を認める	
二〇一二年六月二一日		反対同盟など五団体、国交省九州地方整備局を訪れ、用地の強制収用につながる事業認定申請の取り下げを県に勧告するよう要請
二〇一三年三月一一日		「ダム検証のあり方を問う科学者の会」が、新水需給計画についての意見書を佐世保市に提出
二〇一三年三月二二日	国交省九州地方整備局、川棚町にて事業認定手続きの「公聴会」開催（二二と二三の二日間）	
二〇一三年六月七日	社会資本整備審議会公共用地分科会にて、委員から石木ダム事業への懸念が続出するも、結果は九地整の判断を容認	
二〇一三年六月二一日		反対派五団体、国交省九州地方整備局に「長崎県への石木ダム事業認定申請取り下げ勧告」申し入れ
二〇一三年七月八日		「科学者の会」、佐世保市の水需給計画の見直しを求める二回目の意見書を佐世保市に提出
二〇一三年七月二三日		反対派五団体、国土交通省九州地方整備局に「石木ダムの事業認定拒否を求め」申し入れ
二〇一三年八月一日		「科学者の会」、佐世保市上下水道事業経営検討委員会に公開討論会を申し入れ
二〇一三年八月二三日		「石木ダム建設反対長崎県民の会」が石木ダム建設の中止を求める署名活動を開始
二〇一三年九月六日	国交省九州地方整備局、石木ダムの事業認定を告示	
二〇一三年一〇月七日		反対同盟と全国の支援者ら約一六〇名、事業認定の取り消しを求める行政不服審査請求書を国土交通省に提出
二〇一三年一一月九日		長崎市にて「やめさせよう石木ダム建設！　全国集会」開催
二〇一三年一二月五日		石木ダム対策弁護団結成
二〇一三年一二月二七日		反対同盟と弁護団を含む六団体が、県に対して公開質問状を提出

編者　石木ダム建設絶対反対同盟
石木ダム問題ブックレット編集委員会
編集委員：生月光幸、石丸勇、こうばるほずみ、松本美智恵、山下千秋
協力：土森武友

連絡先　石木ダム建設絶対反対同盟
〒 859-3603　長崎県東彼杵郡川棚町岩屋郷又 908 番地　石丸勇宛
電話 0956-83-3372

小さなダムの大きな闘い——石木川にダムはいらない！

2014年3月14日　　初版第1刷発行

編者 ———石木ダム建設絶対反対同盟
石木ダム問題ブックレット編集委員会
発行者 ——平田　勝
発行 ———花伝社
発売 ———共栄書房
〒101-0065　東京都千代田区西神田2-5-11出版輸送ビル2F
電話　　03-3263-3813
FAX　　03-3239-8272
E-mail　　kadensha@muf.biglobe.ne.jp
URL　　http://kadensha.net
振替 ———00140-6-59661
装幀 ———佐々木正見
印刷・製本—シナノ印刷株式会社

ISBN 978-4-7634-0697-2 C0036

川辺川ダム中止と五木村の未来

ダム中止特別措置法は有効か

子守唄の里・五木を育む清流
川辺川を守る県民の会　［編］

Ａ５判　ブックレット
定価（本体 800 円＋税）

ダム中止特別措置法と大型公共事業のゆくえ
地域振興をめざす五木村のいま

検証・2012 年 7 月白川大洪水

世界の阿蘇に立野ダムはいらない

住民が考える白川流域の総合治水対策

立野ダム問題ブックレット編集委員会
立野ダムによらない自然と生活を守る　［編］

Ａ５判　ブックレット
定価（本体 800 円＋税）

立野ダム問題とは？
住民の視点でまとめた災害対策の提案
阿蘇の大自然と白川の清流を未来に手渡すために